clave

Eduardo Calixto es médico cirujano y doctor en Neurociencias por la UNAM, y realizó su posdoctorado en Fisiología cerebral en la Universidad de Pittsburgh, Estados Unidos. Es miembro del Sistema Nacional de Investigadores del CONACYT, investigador jefe del Departamento de Neurobiología del Instituto Nacional de Psiquiatría Ramón de la Fuente Muñiz, de la Secretaría de Salud, además de docente de las facultades de Medicina y Psicología de la UNAM, y miembro activo de la Society for Neuroscience y de la Sociedad Mexicana de Ciencias Fisiológicas. Es autor de publicaciones científicas en revistas internacionales especializadas en neurociencias y de varios libros. Este es el primero que se publica en España.

De cabeza a tu cerebro

Descubre cómo tus neuronas actúan
en el amor, la sexualidad, el estrés
y las emociones

DR. EDUARDO CALIXTO

DEBOLS!LLO

Papel certificado por el Forest Stewardship Council®

Primera edición: septiembre de 2024

© 2016, Eduardo Calixto
© 2017, Penguin Random House Grupo Editorial, S.A. de C.V.
Blvd. Miguel de Cervantes Saavedra núm. 301, 1er piso,
colonia Granada, delegación Miguel Hidalgo, C.P. 11520,
Ciudad de México
© 2024, Penguin Random House Grupo Editorial, S.A.U.
Travessera de Gràcia, 47-49. 08021 Barcelona
Diseño de la cubierta: Penguin Random House / Amalia Ángeles
Imagen de la cubierta: © Istock

Printed in Spain – Impreso en España

ISBN: 978-84-663-7583-2
Depósito legal: B-11.304-2024

Impreso en Black Print CPI Ibérica
Sant Andreu de la Barca (Barcelona)

P375832

*Dedico este libro, como un homenaje, a mi padre: Pedro Calixto,
quien me enseñó a ser lo que soy,
a sonreír y confiar, aún... en un mundo mejor.*

ÍNDICE

CAPÍTULO 1

Amor y cerebro

ENAMORAMIENTO: UN VIAJE QUÍMICO TRANSITORIO DEL CEREBRO

Un inicio feliz

Una noche, los ojos oscuros de él, recorren lentamente un cuerpo femenino, de abajo hacia arriba, ella lo ve, casi no parpadean, sus miradas se encuentran, sus pupilas son brillantes, enormes. Es el instante en que dos miradas se cruzan sin buscarlo, las de un hombre y una mujer que coinciden en el tiempo y el espacio; inicia una secuencia de eventos que bien pueden llevarlos a enamorarse.

Cuando el cerebro recibe la mirada directa de alguien que le atrae activa la liberación de dopamina, la sustancia que produce una dosis de placer. A la fecha, los científicos dedicados a mapear el cerebro han descrito 12 áreas involucradas en el enamoramiento, las cuales pueden llegar a ser 19, todo depende de la emoción esperada, la edad y el lugar.

Los hallazgos confirman que la sensación de estar enamorado es cuestión de química cerebral en un 99.9%. Una química cerebral en la que actúan las endorfinas, los endocannabinoides, la vasopresina, la oxitocina, las hormonas sexuales, el óxido nítrico, serotonina y factores de crecimiento neuronal. Participan alrededor de 15 elementos, entre neurotransmisores, hormonas y sustancias endógenas; pero sin dopamina no hay amor, sin dopamina no se anexa la otra secuencia de neuroquímicos.

La dopamina es un neurotransmisor o sustancia que secretan las neuronas. Está involucrada en el deseo, la felicidad, el enojo y la sensación de placer. Cuando alguien está enamorado, la dopamina se libera lentamente en grandes concentraciones.

Entre más dopamina liberamos, más se activa nuestro sistema límbico, y entonces las sensaciones del enamoramiento predominan. Uno se vuelve más ilógico y menos reflexivo, porque entre más se activa nuestro sistema límbico, más se inhibe nuestra corteza prefrontal, la encargada del razonamiento.

"La dopamina cambia la excitabilidad de las neuronas, por eso nos sentimos diferentes ante la cercanía del ser amado. Nuestra motivación aumenta, el corazón nos palpita con más fuerza, nos invade el nerviosismo… somos felices."

Triste final

La dopamina tiene una historia triste: su concentración en el cerebro disminuye conforme avanza el enamoramiento. Si a usted le dicen: "Es que ya no me quieres como antes", es cierto, porque su dopamina no es la misma en cantidad. Nuestro cerebro se sensibiliza en el enamoramiento y se desensibiliza a las mismas emociones en la etapa final de estar enamorados, es decir a los tres años.

En lo amoroso, entre más besos y más caricias comparte la pareja, ambos van liberando dopamina poco a poco. Conforme avanza la relación, los niveles de esta sustancia decaen.

Ante el descenso inevitable, la pareja necesita reforzadores como la expresión del cariño con palabras, los detalles, la cercanía física y otras acciones de aprecio hacia el otro. Es en esta etapa cuando buscamos una nueva pareja, o el compromiso de amar en forma madura a la persona, aceptando sus defectos y analizando objetivamente la relación se decide continuar como un amor maduro.

Esta capacidad de sensibilización y desensibilización de nuestro cerebro hace que estemos biológicamente adaptados para enamorarnos siete veces en la vida, según un estudio en humanos realizado por investigadores del Instituto Karolinska, en Suecia.

El principio es el momento en que estamos embelesados con la persona, queremos acercarnos, sentimos que sin ella no podremos vivir. Pero después nuestro cerebro nos hace capaces de pasar a otra etapa, menos emotiva y más reflexiva, que nos lleva a valorar o a desestimar a la pareja, a continuar una relación o a terminarla.

El enamoramiento es un estado químico cerebral, transitorio, que elimina la objetividad de la conducta. Termina, por necesidad y fisiología neuronal.

Recomendación del cerebro:

Enamórate y sé feliz, tienes un cerebro maravilloso para hacerlo. Sin embargo, toma en consideración que el proceso de enamoramiento no es para siempre.

EL AMOR DE TU VIDA: EN EL CEREBRO

¿Qué le sucede al cerebro después de enamorarnos?

¿El amor verdadero se ubica en las mismas áreas del cerebro que utiliza para enamorarse?

¿Las sustancias químicas cerebrales son las mismas al enamorarnos que al llegar al amor verdadero?

El cerebro enamorado

El tercer año de una relación amorosa es sumamente importante para el cerebro: la liberación de dopamina –ese neurotransmisor que otorga felicidad y emoción a la vida– cae dramáticamente; el enamoramiento se transforma, por lo general en un amor que tolera, asume, acepta y permite un mayor crecimiento solidario entre dos personas, o en contraste: la relación termina. *Después de tres años de estar por completo enamorado, el cerebro humano toma decisiones importantes:* 1) o busca otra pareja que sea fuente para liberar una vez más dopamina o, 2) defiende la idea de no separarse de la persona que le da amor y estabilidad.

La importancia de enamorarse en la vida

El proceso de enamoramiento además de transitorio proyecta nuestras ideas en la otra persona, es irreflexivo y contradictorio en emociones, arrebatado e incongruente en sus conductas, es una expresión de la región más involucionada de nuestro cerebro: el sistema límbico, que sólo obedece a procesos compulsivos, violentos o relacionados con la felicidad. *Estar enamorado tiene la función de buscar íntimamente y de forma más cercana a la persona que se convierta en reforzador de conductas emotivas* o bien de capacitar al cerebro para afianzar la relación. *El enamoramiento tiene una función primordial: capacitarnos para elegir a la pareja que done sus genes y que junto con los nuestros, permita la perpetuación de la especie.* El cerebro necesita definir con mejores detalles y experiencias. En este proceso influye demasiado la dopamina, gradualmente se involucran otros neurotransmisores como la adrenalina y la serotonina. Algunas hormonas como la oxitocina y la vasopresina se relacionan después.

El amor verdadero en el cerebro

"El amor compasivo o el amor verdadero, llega después de un enamoramiento, como una consecuencia congruente con la fisiología y psicología."

Este amor se debe a un cambio de organización y conexión de áreas de nuestro cerebro, que modifica la actividad en instancias anatómicas relacionadas con la memoria y toma de decisiones: *el amor migra de estar en la amígdala cerebral y el área CA3 del hipocampo a la corteza prefrontal, giro del cíngulo, ganglios basales; sucede gradualmente, con recuerdos mezclados y evaluaciones mejor realizadas.*

"El amor verdadero logra del cerebro uno de los procesos más evolucionados en el humano: ser objetivo y al mismo tiempo solidario."

Psicología y fisiología del amor verdadero

A diferencia del enamoramiento, el amor compasivo es reflexivo, racional, congruente, pensante. *Otorga a cambio de nada. No condiciona, no demerita. Si ofende pide disculpas y perdona por el bien de la pareja.* El cerebro cambia su idea egoísta. La corteza pre-frontal relaciona con sus neuronas en espejo mayor actividad altruista, se preocupa por el otro; si hay hijos, el proceso es irreversible. La dopamina disminuye, pero en esta etapa de la pareja se incrementa la oxitocina, vasopresina, factores de crecimiento neuronal, óxido nítrico y glutamato. *Los apegos son muy fuertes.* Los celos se controlan más al tener certidumbre y conocimiento de la relación y de la pareja.

Evaluación del amor de acuerdo con las neurociencias

El cerebro logra evaluar por completo tres cosas, después de pasar la etapa de enamoramiento, a través de las cuales otorga certidumbre y contribuye a una relación estable. Dichas características deben estar completamente equilibradas entre sí:

1. Apreciación

La persona que amas te debe gustar. *Al cerebro humano le gusta la simetría de la cara (proporción áurea, una relación armoniosa de la nariz con la boca), nos encantan los ojos simétricos.* A la mayoría de las mujeres les son muy agradables los varones con mentones grandes y voz grave. Hombros amplios y cadera en armonía con ellos, es decir, musculosos y proporcionados. Los varones aprecian además de la simetría de cara de ellas, los hombros breves, la cadera amplia y el busto.

2. Inteligencia

Ambos sexos tienden a admirar al ser amado. El amor sin admiración es prácticamente inexistente. *La inteligencia se valora por dos cosas:* 1) El sentido del humor, las risas que se comparten en momentos juntos, la calidad de tiempo que se otorga la pareja. 2) Cómo se ayudan mutuamente a resolver problemas. Una pareja inteligente ayuda de inmediato, no pospone. No se permite diluir tiempos, encuentra soluciones.

3. Reconocimiento social

Nuestra pareja nos parece atractiva cuando tiene un entorno social en el que es admirado por otras personas. Es decir, es exitoso y su éxito se basa en su trabajo, en su talento o en su profesión. Este proceso se acompaña de una promesa de mejora económica en el tiempo. Tiene halagos externos, es admirado o tiene elementos que lo caracterizan como diferente en su entorno social.

Estudios en psicología indican que si el cerebro tiene estos tres elementos, es más difícil ser infiel. La evaluación, a través de estos factores, otorga como resultado altas posibilidades de sostener relaciones más estables. La pareja se mantiene más tiempo unida. Por lo anterior, se sugiere que esas tres condiciones se tomen en cuenta para reconocer el amor verdadero.

Enamorarse es un proceso fisiológicamente favorecido, pero desarrollar el amor es toda una actividad que conlleva conocimiento de la pareja, experiencias, proyección y tiempo. La atracción es un proceso más sencillo que el de amar. Amar es un proceso objetivo, implica decisión e inteligencia de nuestro cerebro.

LA IMPORTANCIA DEL AMOR
EN EL CEREBRO

El proceso del amor tiene tres variantes importantes en su inicio y modulación: la parte biológica (neuronas, neuroquímicos), el proceso psicológico (lo que se aprende, se memoriza y fortalece) y el factor social (la cultura y el entorno). Estos tres factores intervienen en el proceso de elegir pareja, enamorarnos, decidir estar con alguien toda la vida o definitivamente separarse de quien no se quiere.

Enamorarnos inicia en el cerebro

Ver a la persona amada, que nos gusta, tiene consecuencias en nuestro cuerpo: acelera la frecuencia cardiaca, nos pone en dificultades para decir las palabras adecuadas, nos sonroja. Las mariposas vuelan y se sienten en el abdomen, las manos sudan, la boca se reseca y procuramos proyectar, aunque en forma nerviosa, lo mejor de nosotros: una sonrisa, una actitud, modulamos la voz y queremos atraer la atención. Enamorarnos activa entre 12 y 19 regiones cerebrales que liberan factores químicos responsables de todas estas respuestas. La vida se motiva. Sentirnos enamorados y correspondidos nos hace revitalizarnos, nos cansamos menos e incluso cambiamos la percepción del dolor.

La liberación de un neurotransmisor, la dopamina, es la responsable de las locuras, las inmediatas decisiones, la felicidad extrema y la obsesión por la persona amada. La dopamina activa el centro de las emociones (el sistema límbico) y disminuye la región más inteligente del cerebro: la corteza prefrontal. El resultado es hermoso y al mismo tiempo catastrófico: se toman decisiones importantes sin los filtros neuronales adecuados, se nos va la inteligencia. El cerebro parece adicto a la emoción y gradualmente pierde el control. Otros neuroquímicos aparecen para fortalecer esta situación: la oxitocina nos permite sentir apego, la vasopresina genera pertenencia y celos, las endorfinas procesan necesidad y búsqueda de placer, la adrenalina procesa motivación y la serotonina nos hace obsesivos. El sistema inmunológico se fortalece y la actividad cardiovascular se activa. Este proceso es mayor en los jóvenes, pero no obstante, no se deja de sentir la belleza de enamorarnos en cualquier etapa de la vida.

El final de esta historia de amor tiene dos variantes, después de 4 o 5 años de enamoramiento, el factor neuroquímico disminuye considerablemente, la persona amada ya no libera en nuestro cerebro los neuroquímicos como lo hacía inicialmente: aparecen los defectos, las discusiones y los problemas. Se decide entonces: 1) continuar con la pareja ante el contexto de que la relación no es como al inicio, pero se le acepta por su capacidad, sus virtudes, el apego que se tiene y la negociación social-biológica que los hijos otorgan, sobre todo en los aspectos negativos que a ese tiempo ya se conocen. El enamoramiento, gradualmente, se convierte en nuestro cerebro en amor compasivo, que aprecia, perdona, que es menos egoísta y se hace más comprensivo. Una etapa de amar, otorgar y negociar. Sin embargo, puede existir 2) la ruptura, terminar la relación. Buscar el proceso de volverse a enamorar de otras personas.

El proceso del amor sigue diversos designios: biológicos, hormonales, áreas cerebrales que al activarse inducen motivación, necesidad; psicológicos-sociales, que funcionan para distinguir a la mejor pareja para reproducirse, proporcionan la sensación de pertenencia y el fortalecimiento de leyes para otorgar los cuidados necesarios de nuestros genes en descendencia.

La ruptura de la relación se da en el cerebro

Tomamos decisiones con el cerebro, no con el corazón como indican los románticos. Ante la ruptura amorosa no nos rompen el corazón, en realidad son diversas redes neuronales las que se activan en áreas cerebrales y procesan la sensación de dolor en el pecho, magnificando la conducta. El duelo de no ver a la persona amada pasa por un proceso de enojo y tristeza, necesitamos justicia y en paralelo deseamos una venganza por alguien que no ve nuestro sufrimiento y no reconoce el sentimiento de amor que experimentamos por él. Este proceso es mayor cuando la fractura del vínculo amoroso se dio por una discusión o peor aún, cuando no se supo la verdadera razón y el ofendido busca encontrar una explicación que le regrese la calma a su vida. Esto va pasando, disminuyendo, se puede manejar la experiencia de una mejor forma en el transcurso de los días, de los meses.

El cerebro aprende más rápido ante situaciones acompañadas por dolor y que se asocian a eventos negativos. Este es el precio del desamor: tristeza, enojo y aprendizaje que capacitan para mejores relaciones futuras. Es evidente que las emociones amplifican las señales de aprendizaje en nuestra vida. Aprender de una separación dolorosa tiene entonces un pequeño lado positivo, además de los muchos elementos que quisiera usted, amable lector, adicionar en forma particular: el dolor de la separación nos hace más fuertes. Efectivamente, fortalece porque en el futuro, las relaciones que terminan comúnmente se manejan mejor, sin procesar el mismo dolor y se restablece psicológicamente más rápido: la corteza prefrontal filtra mejores decisiones. El hipocampo aprendió de elementos sociales y personales que guarda con el objeto de evitar el mismo dolor emocional. La amígdala cerebral aprende a tolerar las insolencias y el giro del cíngulo interpreta mejor las emociones, propias y de quien se encuentra con nosotros.

El amor enseña al cerebro a encontrar y distinguir motivaciones. Interpretar, aprender y responder. A discernir con mejores decisiones, a proyectar una mejor vida futura. El amor se aprende en el cerebro desde las primeras etapas de la vida, lo cual va quedándose en diferentes áreas: la corteza cerebral con diferentes módulos (atención, memoria, motivación, movimientos), el sistema límbico (emociones positivas y negativas), cerebelo e incluso en la médula espinal. Tener una relación y terminarla es un proceso que enseña. El amor y su pérdida son importantes en la vida, pero sin lugar a duda, son importantes para el cerebro.

¿SER FIELES CON EL CEREBRO?
LA MONOGAMIA

Cuando el hombre recibe la mirada directa de la mujer que le atrae, su cerebro libera dopamina, la sustancia que produce placer, una descarga emotiva que lo llena de felicidad. El enamoramiento de esta manera es un promotor de lazos afectivos, generadores de apego, fundamentales en el proceso de evitar que una nueva pareja llegue a romper esta hermosa relación.

Neuroquímica básica de la monogamia

Como se anotó antes, son 12 las áreas involucradas en el enamoramiento, las cuales pueden llegar a ser 19 cuando en el cerebro madura el amor, cuando se es fiel. Cambios neuroquímicos se inician cuando una persona nos gusta y nos encanta compartir el tiempo con ella, en este proceso actúan las endorfinas, los endocannabinoides, la vasopresina, la oxitocina, las hormonas sexuales, el óxido nítrico y otras sustancias. Sin oxitocina ni dopamina, no hay amor ni fidelidad, son los primeros neuroquímicos en aparecer y los que motivan la necesidad obsesiva del ser amado.

Áreas cerebrales de la fidelidad

Este proceso de activación cerebral se inicia en el hipotálamo, que es una de las primeras zonas con las que motivamos a realizar conductas con cambios hormonales. El área tegmental ventral es la región cerebral que más libera dopamina, haciendo que todo se mueva para sentirnos felices. El giro del cíngulo interpreta las emociones. La amígdala cerebral realiza conductas de acercamiento, emotivas e intransigentes. El hipocampo almacena y recuerda los buenos momentos y la corteza cerebral en sus áreas prefrontal, parietal y temporal son responsables de otorgar conductas adecuadas: somos agradables, efusivos y evitamos procesos tensos y ríspidos. Se quitan los frenos y somos irreales, irreflexivos y tomamos riesgos en relación con las decisiones que se pueden tomar en ese momento.

Monogamia biológica y social

El inicio de una relación amorosa, cuando estamos profundamente enamorados, es tan intenso, que sólo pensamos en la persona amada. Este proceso dura en promedio entre tres a cuatro años, lo cual nos hace entender en el campo de las neurociencias, que somos monógamos en este periodo por un proceso cerebral que permite escoger a una pareja que otorgue la posibilidad de perpetuar nuestros genes. Es decir, la fidelidad que profesamos por nuestra pareja tiene bases biológicas y evolutivas, y en un inicio nuestro cerebro no permite pensar en otras personas u otras posibles parejas, pero gradualmente, este proceso se reduce, se adapta, se desensibiliza, y al cabo de tres años, otras personas pueden generar nuevamente la motivación de incrementar dopamina en nuestro cerebro, la probabilidad de ser infieles se incrementa en ese tiempo. Si la relación no es buena, ha llegado a ser monótona, al cerebro se da tiempo y estrategias para buscar a una nueva pareja.

En consecuencia, después de tres años de amor intenso, los factores sociales intervienen fuertemente en la toma de decisiones a favor de mantener una relación amorosa, el proceso cultural y los aspectos psicológicos se involucran para decidir que es más conveniente estar con la pareja, cuidar a los hijos y recibir reconocimiento social por realizar estos cuidados. Es decir, después de ser monógamos biológicos nos convertimos en monógamos sociales. El cerebro aprende a reforzar positivamente estas decisiones, ahora la dopamina se libera por el cuidado de una familia, nos hacemos solidarios y gradualmente reducimos el egoísmo que nos caracterizó a edades tempranas. Es el triunfo del factor social sobre el gen egoísta.

Los humanos somos la única especie de mamíferos monógamos. En todas las especies inferiores, después de tener crías, la pareja se separa, se busca un nuevo nido y se inicia de nuevo el ciclo de la vida. Por eso llama la atención que ser fiel a una persona con la que decidimos estar por mucho tiempo o con quien ayuda a cuidar a los hijos por largos periodos, es un compromiso social. Estudios evolutivos concluyen que el proceso de monogamia es una consecuencia de la inteligencia humana; ser fieles es un proceso asertivo, es una decisión. Por ello, ser fiel es un triunfo de la evolución a través de un cerebro que puede controlar adecuadamente las emociones generadas por hormonas o posibilidades, la corteza prefrontal es tan grande en los humanos que nos hace valorar, medir riesgos, evitar peligros o tomar decisiones arbitrarias. Nuestros frenos se encuentran en esta región del cerebro, es la corteza prefrontal la que desempeña el papel de reducir los efectos de la dopamina en nuestra conducta. Los cerebros más grandes se relacionan a comunidades con más reglas sociales de convivencia. No olvidemos que la corteza prefrontal termina su conexión y alcanza su madurez en las mujeres a los 21 años y en los varones a los 26. El incremento del tamaño cerebral se asocia a relaciones monógamas. La fidelidad es un compromiso de la evolución humana.

El poder de la oxitocina

Es un hecho que, no obstante la transformación del amor, después del tercer año de una relación, la oxitocina, también conocida como la hormona del amor, es la responsable de mantener a la pareja unida, es el neuroquímico del apego. Esta hormona se libera con los besos, los abrazos y en el orgasmo. La oxitocina disminuye el estrés, la tensión, la tristeza, nos hace empáticos y reduce la expresión agresiva de algunas conductas. Esta hormona también se libera en nuestro cerebro si vemos la imagen del ser querido en una fotografía o si escuchamos su voz por el teléfono. Con oxitocina evitamos extrañar, disminuimos la sensación de estar solos. Es la hormona por la cual mantenemos a la pareja y a la familia unida por mucho tiempo. La especie humana ha subsistido en este mundo por esta hormona, la cual se incrementa en la convivencia de núcleos de familias. Hallazgos recientes indican que las mujeres tienen más oxitocina en su cerebro que los varones. Una explicación más del porqué una mujer procura más la unión familiar y establece más apego que el varón. Por lo anterior, es un hecho que la monogamia biológica depende de la dopamina y la monogamia social o emocional depende mucho del mantenimiento de la oxitocina en el cerebro humano.

Los hombres son más propensos a la infidelidad

La afirmación de que los hombres son más infieles tiene una base genética. Un estudio realizado en Suiza, en el Instituto Karolinska en Estocolmo en el año 2003 validó la calidad de las relaciones de 552 varones suecos con sus respectivas parejas, la investigación se prolongó durante 5 años y sólo contó con parejas heterosexuales (1.204 personas), este estudio mostró que existe una variante genética del gen RS3-334 que permite una mayor expresión de la hormona vasopresina. Una de las conclusiones más importantes de este estudio es que aquellos individuos que expresaron el gen RS3-334 son más infieles que aquellos que no lo mostraban. Es decir, los hombres que tienen este gen muestran una capacidad genética para ser menos fieles, son menos capacitados para socializar y fracasan con mayor frecuencia en sus relaciones de pareja. Además de este estudio que apoya que la infidelidad puede heredarse, es necesario recordar que el cerebro del varón trabaja con menor velocidad y menor integración, es por eso que es necesario marcar que los varones son menos intensos en sus relaciones amorosas, olvidan con mayor facilidad datos, experiencias, toman con superficialidad los aspectos relacionados con la pareja, etcétera.

El aspecto social es otro factor que influye. La sociedad tolera más la infidelidad masculina, incluso en algunas culturas es premiada o vista como un estatus, por lo que además de un proceso biológico-genético es necesario sumar la esfera social al proceso de decisión de ser infiel.

Algunos aspectos interesantes de perder la monogamia

1. La sospecha de infidelidad incrementa el deseo sexual en la pareja, por ejemplo, en una etapa de celos, es posible que el cerebro incremente la necesidad de estar con la persona amada, en esta situación se sabe que se incrementan los niveles de noradrenalina y testosterona. El resultado es una activación neuronal para evitar perder a la pareja.

2. El cerebro puede amar a dos personas al mismo tiempo, sin embargo, esta capacidad siempre jerarquiza los cariños, no es de la misma intensidad la expresión de la conducta por dos personas. No obstante esta posibilidad, el factor social inhibe la probabilidad de realizarlo y aceptarlo.

3. Algunos estudios en comunidades poliamorosas —individuos que conviven, tienen intercambio sexual y son capaces de mantener un círculo emocional entre varias personas—, indican que son propensos a tener más ansiedad y sentimientos de tristeza.

4. Es común perder el interés sobre una relación, que el deseo disminuya con el tiempo. Saber que tenemos algo seguro permite que el cerebro busque motivaciones y satisfacción en otras personas o circunstancias. Este factor es el propulsor de la desidia, tensión y

enojos con la pareja. Entenderlo nos da mejores elementos para buscar alternativas si es que no se quiere ser infiel o se necesita reforzar el lazo amoroso, una solución resulta simple: un abrazo sincero que libere oxitocina puede ayudar a abrir soluciones. Recordar viejos tiempos o antiguas formas de expresión del amor puede ser otra opción de revertir este proceso común en el cerebro.

5. Solemos decidir estar con una pareja cuando nuestra etapa biológica es la más hermosa de toda la vida. Es un hecho que ser monógamo es una decisión. Este proceso se fortalece con leyes y normas sociales. Ante la posibilidad de una infidelidad surge el eterno conflicto: lo que se quiere en lucha con lo que se debe. Las instrucciones hormonales indican buscar a varias parejas en la vida. Pero la evolución nos ha hecho entender que es posible parar o disminuir la necesidad sexual por estabilidad emocional.

LA NEUROBIOLOGÍA DEL SEX APPEAL

El cerebro es el responsable de la elección, la evaluación y la fidelidad de la pareja. No el corazón. ¿Qué neurotransmisores hormonas y estructuras cerebrales interaccionan?

A las características físicas y sexuales en conjunto, responsables de la atracción entre personas se les conoce como sex appeal: la mirada, cómo habla, el tipo de olor, el timbre de voz, la tersura de la piel y en el caso de las mujeres las manifestaciones físicas de los cambios hormonales como el tamaño de los senos, largo de las piernas y las caderas y la distribución del pelo, el tamaño del tórax en relación a los varones, son evaluados en cuestión de 6 a 8 segundos por nuestro cerebro.

El amor a primera vista tiene elementos de activación inmediata en el sistema nervioso central, la conexión en serie del hipocampo, el sistema límbico, los ganglios basales y la corteza cerebral son fundamentales para evaluar al ser amado. Los incrementos de neurotransmisores en el espacio sináptico como dopamina y serotonina y de algunas hormonas neuromoduladoras como la oxitocina y la vasopresina constituyen las bases del inicio/mantenimiento de una actitud, de conductas y decisiones de mantener una relación con la pareja.

El sex appeal tiene también como fundamento la búsqueda de satisfacer al otro a través de nuestras capacidades físicas e intelectuales, esto inducido por un proceso psicológico agradable. Pero nuestro cerebro también se ha desarrollado en un contexto social: muchas de las condiciones que nos atraen están delimitadas por el aprendizaje social. Nuestra cultura, juicio crítico y normas con las que limitamos socialmente nuestro desarrollo comunitario frenan o favorecen algunos eventos en nuestra vida: por ejemplo el patrón de belleza física para algunas culturas puede ser diferente –en especial, para algunas culturas labios grandes y cuello largo es sinónimo de belleza–. Muchas veces nos gustan personas o cosas de acuerdo a modas geográficas.

Físicamente, ¿qué debe tener una mujer ideal para el hombre?: A) cintura fina, B) cadera curva y, C) piernas largas y esbeltas. En el caso de los varones, la mujer observa: 1) hombros anchos, 2) pectorales amplios y 3) abdomen plano o musculoso. El cerebro evalúa rápido estas características, los niveles de dopamina y adrenalina se incrementan en la medida que estos rasgos físicos se tengan en una persona que esté cerca de nosotros. En 1998, estudios en la UCLA, EUA, reconocieron que los hombres fijan sus ojos en los senos de la mujer, la cadera y la cara. Las mujeres ubican su mirada en el abdomen, cara y cintura del varón. La información que se obtiene de esto es interpretada de inmediato: senos grandes se asocia a buena salud, estado reproductivo y una pubertad terminada. Si bien nosotros, tenemos marcadores personales de belleza, 68% de la población humana busca en la cintura un proceso de salud y 89% en la cara un sinónimo de belleza.

En la evolución de la humanidad, las normas sociales han modificado la capacidad de liberar dopamina por nuestro cerebro, a su vez, la dopamina nos cambia la forma de ver a nuestra sociedad. Hoy las neurociencias reconoce que entre mayor sea la recompensa es mayor la atracción, traducido esto en la forma de elegir pareja, significa que para nuestro cerebro las personas que tienen mayores atractivos físicos y sociales son las que más atraen, por tanto obtenerlos es un gran éxito biológico y social, una liberación desmesurada de dopamina fortalecida por la culminación de sentirse dueño(a) del ser admirado y querido. Las características físicas son entendibles: nos gustan la simetría de la cara, cuerpos armónicos y adecuadamente desarrollados. La parte social es un reforzador fundamental: nos atrae el poder adquisitivo de las personas, su manejo cultural de información y su inteligencia. Trabajos en Austria de Elizabeth Oberzauchen indican que cierto grupo de mujeres asocia el tipo de personalidad del varón con el tipo de automóvil que maneja. Las mujeres son seducidas por del dominio y el poder de sus novios o parejas, el cual se ve reflejado en el tipo de auto que tienen.

Es contundente afirmar que la mayoría de los hombres prioriza el atractivo físico en el proceso de elección de la pareja. La mujer antepone el estatus económico y social del varón. Esto explica, en parte, por qué algunas mujeres prefieren a hombres feos: sacrifican la característica física por un hombre que tiene otras ventajas: recursos, responsabilidad, solvencia social y económica. Estudios de la SUNY, EUA, demostraron que un hombre atractivo con un bajo salario puede ser evaluado con una calificación de 4 a 5, en una escala de 0 a 10, en donde 10 es lo mejor. Sin embargo, hombres feos, bien vestidos y con un salario ficticio de millones de dólares, fueron evaluados con promedio de 8 a 9.

En resumen, en el contexto biológico, los hombres son visuales: el coqueteo exitoso de una mujer es a través de una mirada y movimiento del pelo asociado a una sonrisa, es decir, un atractivo corporal. En el caso de las mujeres, lo biológico subyace al contexto social: el proceso es más complejo, la forma de elegir entre varios competidores es una rápida evaluación física pero pondera más la manifestación verbal de los gustos del varón, tipo de trabajo, grado de estudios y capacidad económica.

Finalmente, el campo de la genética y las neurociencias indican que el mantenimiento de la relación entre dos personas obedece a cambios neuroquímicos. Si bien, el enamoramiento —se ha mencionado— se debe a un incremento transitorio de 3 años de dopamina, adrenalina, oxitocina y endorfinas, la fidelidad también tiene bases hormonales y genéticas.

Los niveles de testosterona son fundamentales para el apetito sexual. Esto indica que los varones entre 17 a 25 años son los que en promedio tienen mayor actividad y potencia sexual. Después de esta edad, los niveles de la hormona y el deseo sexual caen progresivamente. Un derivado de esta hormona es la que incita a la mujer a incrementar su libido. El olor del hombre con dihidrotestosterona es un detonador de deseo. Después de los 30 años de edad o 4 años de matrimonio, es normal que el deseo sexual se atenúe o se asocie a monotonía, esto motiva en ambos casos, él o ella, una búsqueda de alternativas o cambios.

Estimada lectora, se ha preguntado ¿por qué ha disminuido el deseo por su amado en los últimos años? Si bien el cerebro atenúa casi todos los estímulos corporales, el fenómeno sexual es uno de los más fuertes.

Estudios en EUA, demostraron que la dopamina y la testosterona se incrementan en relación con las nuevas experiencias, como una nueva pareja o durante las condiciones propicias para relacionarse con alguien que llega a nuestra vida, se motivan emociones y conductas que parecían extinguidas. Es decir, otros estímulos pueden motivar nuestra vida sin que sea esto un proceso buscado o por el cual tengamos que sentirnos culpables. Es nuestro cerebro que adapta la novedad y en consecuencia decide tomar o correr riesgos. Pero tal como antes se observó, lo más reciente en este campo de la neurociencia de la infidelidad está relacionado con la hormona vasopresina, el RS3-334, el cual es responsable de conductas antisociales de hombres hacia mujeres: maltratadores, infieles y generadores de relaciones interpersonales superficiales.

Es cierto que la infidelidad también tiene un patrón social de conducta aprendida. Padre infiel: por herencia tendrá un hijo infiel que copie sus conductas. Sin embargo, en el campo de la ciencia, se asoma una variable hormonal que debe tomarse en cuenta: altos niveles de testosterona asociados con bajos niveles en los receptores de vasopresina son el ingrediente suficiente para desarrollar también una conducta infiel. Una variable más a un problema de por sí complicado de analizar: la infidelidad.

SEXO EN EL CEREBRO, FISIOLOGÍA
DE LA RESPUESTA SEXUAL

Nuestra sexualidad tiene condiciones anatómicas, fisiológicas, psicológicas y sociales, que caracterizan a cada individuo.

Envuelve el papel del género, erotismo, placer, intimidad, reproducción y orientación. Se expresa a través del pensamiento, fantasías, deseos, creencias, actitudes, valores y conductas.

Tenemos al menos 6 tipos de sexo:

1. Cromosómico
2. Gonadal
3. Morfológico
4. Social
5. Cerebral
6. Legal

A nivel cerebral, la respuesta sexual evoca el proceso de motivación y búsqueda del placer, utilizando las redes neuronales del proceso de recompensa que utiliza el sistema nervioso central para la felicidad y la adicción.

La respuesta sexual tiene 4 fases: Excitación, Meseta, Orgasmo y Resolución. William Master y Virginia Johnson (1966) después de trabajar con 382 mujeres y 312 varones, describieron este proceso.

Durante la actividad sexual la corteza prefrontal se inhibe a los procesos de activación del hipotálamo y la amígdala cerebral. El tálamo sólo puede poner atención en lo que genera placer. La hipófisis puede activarse gradualmente y liberar hormona luteinizante en un orgasmo intenso. El giro de cíngulo cambia el umbral del dolor. La corteza insular más el procesamiento de sonido y atiende la asociación de caricias. Los ganglios basales comúnmente activan movimientos previamente aprendidos. El cerebelo se reserva para la fase cercana del orgasmo, tiene memoria de movimientos.

Los estrógenos incrementan la liberación de dopamina, oxitocina e incrementan el apetito sexual en la mujer. El deseo sexual depende de testosterona, de ahí la importancia de que estas hormonas cambien en la vida, disminuyendo los procesos de excitación que antes eran inmediatos.

Excitación

Durante la vasocongestión, en el varón existe erección y lubricación. En la mujer lubricación vaginal y expansión de las paredes vaginales, el cérvix se levanta. Depende de la edad, calidad del estímulo, fatiga, hora del día, entorno y expectativa. Su inicio pude ser en segundos (de 8 a 5 segundos).

Noradrenalina en el sistema límbico, asociado de la liberación de dopamina, óxido nítrico, son responsables del proceso.

El cerebro desencadena una respuesta de actividad iniciada hacia arriba disminuyendo los frenos de la corteza prefrontal, activando hacia abajo al centro regulador respiratorio, la sustancia reticular ascendente y la medula espinal.

Hay taquicardia, sudoración, respiración profunda, rubicundez, nerviosismo. La toma de decisiones es difícil, tartamudeo y disminución de aspectos inteligentes son proporcionales al grado de excitación. Se inician los reflejos sacros para la erección del pene.

Meseta

La vasocongestión llega a su clímax. El pene está totalmente erecto. Los testículos se acercan al cuerpo, la respuesta parasimpática provoca la lubricación (glándulas de Cowper).

La presión arterial aumenta considerablemente. El introito vaginal incrementa generando que la vagina se estreche. El clítoris se retrae. En este momento, el cerebro pierde la noción de tiempo y espacio. Se vuelve egoísta. Los besos incrementan el proceso. La dopamina y noradrenalina estimulan y bloquean la inteligencia. La médula espinal genera movimientos pélvicos, rítmicos e inconscientes. Se inicia la liberación gradual de oxitocina. Se inician los reflejos medulares, de movimientos poco estereotipados.

Orgasmo

Existen contracciones pélvicas de una por segundo. En el hombre se da en dos etapas, la primera, la sensación de movimiento en los conductos seminales genera la sensación de que el suceso terminará motivando lo inevitable, la contracción uretral y peneana. Se activan centro medulares (lumbares). La respiración se acelera y el ritmo cardiaco aumenta a pulsaciones cercanas a 100 por minuto. Las contracciones de todo el cuerpo son fuertes (espasmos corporales). La actividad de liberación de oxitocina puede incrementarse aún más si la pareja nos gusta mucho. La lubricación de la vagina aumenta en la mujer. Comúnmente el proceso inicia en el clítoris y corre a la pelvis, existe el cosquilleo placentero y la felicidad corta. El sexo en esta parte de la respuesta sexual se define de esta manera: no se es racional.

Resolución

El regreso al estado no excitado. La tensión muscular se pierde, la corteza prefrontal regresa gradualmente. Los senos pierden la turgencia. En un lapso entre 5 a 10 segundos las mujeres regresan gradualmente. Este periodo es más corto en las mujeres que en los hombres, por lo que pueden experimentar orgasmos múltiples. Existe una liberación de prolactina, que reduce el deseo de más actividad sexual.

EL CEREBRO SEXUAL, ANATOMÍA FUNCIONAL Y NEUROQUÍMICA DEL PLACER SEXUAL

Dos amantes yacen felices recostados después de amarse intensamente, ella quiere conseguir más sensaciones placenteras, más caricias, quiere seguirse siendo amada. Él, esta pensativo, casi dormido, cansado, ha permitido mucho placer y esfuerzo, piensa en otras cosas, es más práctico y con menos apego en la fase de resolución amorosa.

¿Qué motivo a ambos llegar al plano sexual? Si bien existen factores psicológicos y sociales para llevar el evento sexual de una determinada forma, el proceso biológico es sumamente intenso y por momentos determinista: ellas escogen, aceptan y delimitan mejor. Ellos son más visuales, egoístas y superficiales.

Ninguno se entregó a la pasión con el corazón, ambos hicieron el amor con el cerebro, obviamente, se apoyaron en su cuerpo, como órgano receptor intensificador de las sensaciones, modulado por nuestras hormonas. En promedio, un ser humano que tiene 3 coitos por semana desde los 18 años, en los próximos 30 años habrá hecho el amor 4320 ocasiones, si tiene 2 hijos esto indica que el proceso sexual es utilizado para procrear en un 0.04%, es decir, el sexo en los humanos en un 99% es utilizado para fines de satisfacción, placer y emotivos

¿Qué **estructuras** cerebrales son activadas en el cerebro en la actividad sexual?:

1. Una atención selectiva ante estímulos efectivos: corteza sensorial y de asociación.

2. Se activa el tálamo, incitador y reverberante en la secuencia de información, cambios cardiovasculares.

3. La amígdala cerebral, procesa la conducta y el deseo, la mezcla con la lógica y lo real. Modificamos la respiración.

4. El hipocampo al activarse genera las fantasías y es importante para los recuerdos.

5. El núcleo accumbens, es el mayor proveedor de dopamina. La actividad se hace más placentera. El deseo se encuentra en esta región.

6. El área tegmental ventral (VTA) al activarse se motiva para tener orgasmos, quita los frenos.

7. Los ganglios basales e ínsula inducen conductas poco ortodoxas y movimientos.

8. El giro de cíngulo etiqueta la emoción, disminuye el dolor y otorga más placer.

9. El hipotálamo libera hormonas que activan conductas, cambian la actividad corporal y hacen más fértiles a los amantes (ovulación y espermatogénesis).

10. El cerebelo otorga movimientos y guarda emociones.

11. La médula espinal otorga reflejos corporales y actividades sin conciencia para mantener la actividad física y sensitiva sexual.

12. Desaparecen gradualmente los frenos de la corteza prefrontal, nos entregamos a la pasión. Nadie en la cama es inteligente. Por anatomía y neuroquímica: el orgasmo apaga, reduce o elimina transitoriamente al cerebro inteligente.

¿Cuáles son los factores *neuroquímicos* en la actividad sexual?

1. Se libera dopamina y noradrenalina: las decisiones se toman rápido, la motivación es mucha y se nubla la actividad inteligente. La penetración y la distención vaginal generan una gran liberación de estas catecolaminas.

2. Actividad de glutamato en corteza cerebral: motivación, activación e hiperexcitabilidad. La meseta sexual se debe a este proceso de motivación permanente por glutamato.

3. Incrementa la serotonina, proceso que nos hace obsesivos, ya nada es importante en ese momento, más que culminar el evento. El movimiento pélvico se hace más intenso.

4. Oxitocina generada por los besos que nos lleva al orgasmo, el cual induce contracciones uterinas o vesículas seminales, genera placer y apego.

5. Vasopresina que culmina en la necesidad de estar contiguo al cuerpo amado, pero al mismo tiempo genera sensaciones de pertenencia.

6. Acetilcolina permite activación y generación de ritmos neuronales, los cuales nos borran la realidad, la atención y siguen a la motivación sexual.

7. Factor de crecimiento neuronal derivado del cerebro, que en el hipocampo genera aparición de neuronas; un orgasmo intensifica el proceso memorístico.

8. Endorfinas: el placer en el orgasmo se explica por la aparición de encefalinas y endorfinas, desaparecen los

dolores y se siente que el cuerpo es más ligero. Este es el subidón esperado, que junto con dopamina, se refiere como las felicidades más hermosas y cortas de la vida.

9. Óxido nítrico, además de favorecer el llenado vascular incrementa la liberación de neurotransmisores. Es un modulador fortísimo cortical.

10. Aparece la prolactina después del orgasmo, la que limita el deseo sexual.

11. Esteroides sexuales: la testosterona incrementa el apetito sexual en ambos sexos. Sin embargo, los estrógenos hacen a la mujer más receptiva.

12. A nivel de médula espinal, es tal la liberación de endorfinas y factores vasculares, que la dilatación vascular y relajación pélvica producen placer local.

Las fases de la actividad sexual Excitación, Meseta Orgasmo y Resolución (EMOR) se suscitan en el cerebro, se amplifican en el cuerpo y se modulan por hormonas, neuromoduladores y neurotransmisores.

La unión de un óvulo y espermatozoide es la culminación de una serie de activaciones de centros del cerebro a través de sustancias químicas. El ser humano genera para ello una necesidad intensa de realizar la actividad sexual que intercambie genes, en paralelo a este proceso, el cerebro produce placer y apego.

LA CREATIVIDAD INCREMENTA
EL SEX APPEAL

La creatividad es el proceso de presentar un problema a la mente con claridad (imaginándolo, visualizándolo, suponiéndolo, meditando, contemplando) para originar o inventar una idea, concepto, noción o esquema según líneas nuevas o no convencionales.

1. La creatividad está latente en todas las personas en grado mayor que el que generalmente se cree.
2. Cuando se trata de creatividad e inventiva, lo emocional y no racional es tan importante como lo intelectual y lo racional. Mucha corteza prefrontal reduce la creatividad.
3. Los elementos emocionales y no racionales pueden enriquecerse metódicamente por medio del entrenamiento.
4. Muchas de las mejores ideas nacen cuando no se está pensando conscientemente en el problema que se tiene entre manos. La inspiración surge durante un periodo de "incubación", como cuando un hombre está manejando camino al trabajo o regando su jardín o jugando.

La creatividad tiene una función social:
atraer a la pareja a través de la admiración

La creatividad es preferida, muy atractiva y deseable en la pareja. Estudios recientes en el campo de las neurociencias refieren que personas creativas tienen más parejas sexuales. Aquellos que se desenvuelven en la música, artes o en el campo del humor resultan sumamente atractivos cuando más creativos son.

La creatividad está en función del aprendizaje, memoria, experiencia y madurez cerebral. La creatividad de otra persona la percibe nuestro cerebro en el ámbito estético, en lo deseable y envidiable ¿qué se prefiere de un personaje creativo? La respuesta es simple: *capacidad cognitiva, personalidad asociada y logros.*

No todas las formas de creatividad tienen el mismo efecto de atracción. La creatividad en la música o en las artes es más valorada por otros que la valorada en el ámbito tecnológico. Te puedes acordar más de un compositor o admirar a un cantante de rock, que de quien desarrollo la memoria de tu computadora o sentir atracción por quien advierte un error en la construcción de un edificio. Es claro que la gente admira y valora a un deportista, el público es capaz de festejar con gran magnitud a quien gana un concurso de canto, en contraste, es lógico y no tiene mucha creatividad la obtención de grado de un doctorado de un familiar o amigo cercano.

Al identificar, conocer y visualizar a una potencial pareja, comúnmente nuestro cerebro se fija en detalles en su conducta creativa. Las personas relacionadas con tareas como escribir (autores de libros, periodistas, por ejemplo) bailar, cantar o las artes plásticas, son consideradas muy atractivas. Nuestro cerebro le reduce méritos a los matemáticos, físicos o analizadores estadísticos.

Los curiosos intelectuales, aquellos que hacen juicios complejos, científicos asociados a avances tecnológicos son atractivos, pero el proceso se desensibiliza rápidamente. Es decir, se pierde más rápido el atractivo. En contraste, los increíblemente sexis son los experimentados en fantasía, manejo de información emocional, artistas, fotógrafos, pintores, cuya captura de las sensaciones los hace distintos del promedio de la población. A nivel cerebral, se generan procesos con mayor liberación de sustancias químicas que tardan más en desaparecer. La sensación de atracción surge entre semejantes, es decir, seduce la posibilidad de poder realizar tareas similares. En otras palabras, la creatividad matemática puede no serlo para muchos, pero aquellos que realicen programas de computación, pueden verse atractivos entre sí, a diferencia de la percepciónque tendría un cantante o un matemático.

Las personas creativas MÁS sexis son:

1. Deportistas
2. Viajeros espontáneos
3. Cantantes de rock
4. Escritores
5. Realización de una banda musical
6. Fotógrafos artísticos
7. Comediantes
8. Estilo único al vestirse
9. Poetas

Las conductas creativas MENOS sexys son:

1. Realización de campañas publicitarias
2. La decoración de interiores

3. Programación computacional
4. Realizadores de sitios web
5. Cultivo y jardinería
6. La presentación de trabajos científicos o matemáticos
7. Decoración exterior
8. La aplicación de las matemáticas de una manera original para resolver un problema práctico

CAPÍTULO 2

Desamor en el cerebro

───────── ◆ ─────────

CELOTIPIA Y CEREBRO

Los celos son la manifestación de conductas en respuesta al estímulo que amenaza con apropiarse, destruir o robar lo propio. Pero también puede ser la aspiración de posesión o éxito, características o propiedades de otra persona, de tal manera que pueden ser asociados a la envidia. Ser celoso es utilizado como adjetivo, verbo o atribución de personalidad. El individuo con celos no pierde su entorno con la realidad, puede ser funcional, pero se abruma con ideas constante de que la pareja es infiel. Los celos pueden ser patológicos, si buscar el detonador de su conducta ocupa más del 30% de su actividad entra en la subclasificación de un "trastorno delirante": la celotipia.

Manifestación clínica de celotipia

La celotipia suele generar problemas sociales, legales, laborales o conyugales como consecuencia de las ideas delirantes. Los sujetos que poseen este trastorno desarrollan un estado de ánimo irritable: ira o comportamiento violento. La celotipia hace a un individuo caótico, disfuncional, con pérdida de atención, le genera un pensamiento proyectivo y hostil. El celotípico suele ser suspicaz, rígido, vigilante, autoreferente (él es el centro de atención), con miedo a la autonomía y comúnmente asociado a procesos de grandeza.

El caso típico de un celotípico es sentirse frustrado, privado de sus derechos afectivos, emocionales y sexuales. Interpreta que la pareja prefiere a otro, con lo cual se inicia una búsqueda de pruebas concluyentes. Un delirio sistematizado de sentirse menos preferido y no tratado de forma especial.

Criterios de la celotipia:

1. Pensamientos irracionales sobre infidelidad de la pareja.
2. Conductas dirigidas a comprobar la infidelidad.
3. Sentimientos intensos de cólera, miedo, tristeza, culpa.
4. Violencia verbal o física contra la pareja o el supuesto rival.

¿Diferencias entre hombres y mujeres?

El delirio de celos asociado a cuadros paranoides se ha descrito principalmente asociado al sexo femenino y a pacientes jóvenes mientras que el delirio de celos asociado al alcoholismo se ha descrito asociado casi siempre al sexo masculino. Los hombres despiertan la conducta de celo en mayor proporción por la pérdida de la pareja con el enfoque sexual. La mujer lo realiza por perder el afecto, espacio, protección, tiempo invertido y en menor proporción, comparado con los varones, con el evento sexual.

Factores, no totalmente causales, para ser celotípico:

1) Factores familiares. Aparece historia familiar en casi un 20%. En ocasiones, la celotipia se aprende en casa.

2) Factores psiquiátricos. Los celos pueden ser el primer signo de enfermedad psicótica paranoide o esquizofrenia; pueden asociarse a diversas características de personalidad y síntomas neuróticos; o pueden ser un síntoma de tipo depresivo primario o secundario.

3) Factores orgánicos. Alteraciones orgánicas cerebrales de tipo traumáticas, vasculares, o vinculadas con demencias y epilepsia. Es decir, la celotipia suele acompañar a algunas enfermedades neuronales.

4) Factores tóxicos. Intoxicaciones por alcohol, anfetaminas, cocaína. El alcohol incrementa la celotipia desde un 22 a un 41%. Existen 2 subgrupos de celotipia alcohólica: uno de aparición exclusiva durante la intoxicación alcohólica y otro mantenido en los periodos de abstinencia. El 72% de las personas

alcoholizadas persisten con los celos aun después de haberse recuperado de una intoxicación alcohólica.

5) Factores hormonales. Pueden aparecer en periodos hormonales específicos como la menopausia, embarazo, postnatal o en el hipertiroidismo. Las hormonas influyen en muchas conductas, la celotipia no es la excepción.

Fases de la celotipia en el cerebro

Inicio o manifestaciones precoces: suspicacia, fascinación de lo oculto, búsqueda de la verdad, rigidez, idea delirante, confusión, primeros conflictos de agresión, hostilidad y discusiones. En esta condición, la corteza prefrontal (ventromedial) la que planea y toma decisiones incrementa su actividad, pero paradójicamente por momentos pierde la congruencia y la lógica, la noradrenalina y dopamina se incrementan en esta región del cerebro, lo cual motiva la conducta irreflexiva, reduce la inteligencia y provoca la toma inadecuada de decisiones. Es un proceso que se inicia como un "flash" o choque de luz.

Fase aguda: el malestar interno es intolerante, se pierde el control. Se manifiesta una ansiedad asociada a sentimientos caóticos. Fallan las estrategias de estabilización. Inicia un proceso de aislamiento, hay "acumulación" de pruebas. Un pequeño evento desencadena un tórrido conflicto. En esta fase falla el control prefrontal totalmente. La actividad límbica predomina, en especial, el hipocampo se manifiesta, los recuerdos abruman y la corteza del cíngulo asocia eventos dolorosos-emotivos. Se lleva a cabo el reforzamiento incesante de ideas y recuerdos. La actividad hormonal se instala gradualmente, induce liberación de cortisol y aldosterona, con evidentes cambios cardiovasculares y metabólicos como la hiperglicemia. Se proyecta un estado de activación corporal permanente. El insomnio se presenta y existe un consumo excesivo de energía.

Cristalización final o psicosis desarrollada: Los sentimientos se exteriorizan, hay delirios, aparecen enemigos, la conducta de defensa se agrega, los factores desencadenantes ahora son internos. La respuesta es defensiva, agresiva, el proceso es fluctuante, sólo por momentos, el individuo es consciente de su realidad. Aparecen decisiones poco pensadas. La actividad prefrontal es intermitente en el evento. Los procesos emotivos se centran a un estímulo desencadenante, en consecuencia la liberación de dopamina, noradrenalina, cortisol es reforzada a eventos esperados.

Nuestro cerebro tiene la capacidad de orquestar y manifestar la conducta celosa, la cual, si es adecuada puede ser motivante y favorecer la solución a un problema de pareja. Sin embargo, también es sencillo llegar a un extremo, a lo patológico. La celotipia como trastorno cobra la disolución del vínculo afectivo. Genera más problemas de los que pretende resolver. Atrapa y calumnia. Es necesario cuidar no caer en ella, reflexionar antes de una explosión puede resultar conveniente.

El amor celoso es el requisito previo, el antecedente cognitivo-afectivo y conductual de la celotipia.

El amor tiene dos dimensiones fundamentales: una implica el deseo y posesión de la persona, asimilar la conducta y proyectar lo que se desea, esto es intenso en el enamoramiento; la otra dimensión implica el deseo de darse y perderse en el amor: hay un balance entre la autoafirmación y la auto-entrega. La aparición de la traición anula cualquiera de las dos dimensiones. Por ello los celos evitan llegar a este proceso doloroso. Pero en sí, la conducta celosa ya tiene su propio proceso de dolor moral implícito. El conflicto se basa en frustración y decepción dolorosa. La celotipia destruye el amor, una de las paradojas terribles de su existencia, con ello, activa redes neuronales y neuroquímicas semejantes al amor pasional.

ERRORES COMUNES SOBRE EL AMOR Y DESAMOR: ANÁLISIS NEUROFISIOLÓGICO

Que difícil sería decirle a la pareja, al inicio de una relación amorosa, que se tiene en promedio 1000 días para ser apasionados irreflexivos e irracionales. El enamoramiento es una conducta semejante a la adicción. Resulta complicado que esta pasión-enamoramiento perdure por más de tres años exactamente con la misma magnitud; eventualmente nuestros sentimientos, afectos y apego van a cambiar, se van a transformar.

No hay amor para siempre –al menos no el mismo en calidad y afectos–, no existen las almas gemelas. Ser felices para siempre resulta de muchos cambios neuronales debidos a procesos de reforzamiento que enlazan varias áreas cerebrales y dependen de neurotransmisores, neuromoduladores y hormonas. Los hombres no son de Marte como tampoco las mujeres vienen de Venus, tienen diferencias anatómicas en diversas áreas del cerebro y de ahí muchas de las diferencias conductuales en los procesos del enamoramiento y de la evaluación del amor.

El amor, se identifica, se construye y se evalúa continuamente por nuestro cerebro, tanto así que los celos, la infidelidad y el dolor asociado al placer tienen connotaciones conscientes y voluntarias, no se pueden dejar al azar. Aquí, cinco errores comunes que sostenemos del amor y un análisis breve de las neurociencias.

1. Los hombres son de Marte y las mujeres son de Venus

Las evidencias en el campo de las neurociencias indican que los hombres son en lo general prácticos, superficiales en la evaluación conductual de los procesos afectivos y muy buenos proveedores materiales. Las mujeres asocian conductas de mantenimiento del clan familiar, cuidado y mantenimiento de los procesos afectivos-apego. El cerebro del varón tiene más grande el hipotálamo y la amígdala cerebral. Las mujeres tienen más grande el cuerpo calloso, el área tegmental ventral, el núcleo accumbens, el giro del cíngulo, el hipocampo, el cerebelo y con mayor conexión el área de Wernicke y Broca.

Conclusión: ellas tienen mejor conexión cerebral para los procesos conductuales e interpretación afectiva, hablan más palabras al día, entienden mejor el proceso de prosodia (la forma en como entonamos las palabras), los cerebros femeninos están preparados para generar proceso de afecto, odio y resentimientos con mayor énfasis. No somos de diferentes mundos, somos del mismo, con capacidades complementarias.

2. Eres mi alma gemela

El alma para el caso de las neurociencias se puede ubicar en la corteza cerebral, en especial la prefrontal, asociada al hipocampo, los ganglios basales y el cerebelo; la conexión en serie de estas áreas es el procesador de los fenómenos conscientes. La oxitocina es un nonapéptido de corta vida media que se libera en el hipocampo durante un beso, abrazo y en el orgasmo. El cerebro de las mujeres lo libera por mayores cantidades en diversas áreas cerebrales. La dopamina, como neurotransmisor tiene una liberación más prolongada además que sus receptores, en espacial los tipo 2, abundan más en el cerebro femenino. Es decir, el alma gemela, no existe, es una creencia del proceso que explica que esperamos que la pareja sienta lo mismo, active las mismas áreas y libere en forma semejante su dopamina/oxitocina en la misma cantidad. Conclusión: no es posible tener cerebros semejantes asociados al mismo factor exposición, si bien se puede lograr con procesos aprendidos, la mayoría de nosotros no nos enamoramos a la misma velocidad ni tenemos los mismos procesos cognitivos del amor.

3. El amor es para siempre

El amor es un proceso que depende del nivel neuroquímico de la liberación de dopamina, adrenalina, serotonina, acetilcolina, endorfina, óxido nítrico, anandamida y factor de crecimiento neuronal. En especial, los receptores de estos neuroquímicos decaen en el tiempo así como la taza de liberación por las neuronas es menor en el trascurso de una relación de pareja. El cerebro, en especial el sistema límbico, va exigiendo cada vez más neuroquímicos para sentir la felicidad en el enamoramiento, como si fuera una droga, este evento decae y quedan farmacológicamente dos procesos al descubierto: la felicidad se trasforma a un estado de menor intensidad con procesos cognitivos y de asociación y se busca una fuente nueva que libere con la misma intensidad que el cerebro aprendió a sentir con la pareja, pero en otra(s) persona(s).

Conclusión: el enamoramiento no es para siempre, es un proceso de aprendizaje que capacita al cerebro para amar a la pareja, es un proceso proyectivo de lo que se quiere, reflejado en el otro(a). El amor es un proceso de reforzamiento positivo, de apego, que mantiene la unión, y comprensivo de la magnitud de la pareja. Si todo marcha bien, el enamoramiento evolucionará a un amor compasivo, en el cual se modifican varias conductas también con el tiempo.

4. Sólo se puede amar a una persona a la vez

El cerebro tiene la capacidad de amar a dos o más personas al mismo tiempo. Su capacidad de interactuar, procesar y aprender en dualidad siempre está presente en la corteza prefrontal. Sin embargo, siempre va a jerarquizar el cariño, la manifestación y la expresión de los afectos. Conclusión: el proceso de apasionamiento y de relacionarse con dos parejas simultáneamente es posible para el cerebro. No obstante, los factores psicológico y social han hecho un cerebro monógamo por necesidad y para éxito social.

5. Entre el amor y el odio sólo hay un paso

El amor es un proceso límbico y prefrontal a nivel anatómico. Por neuroquímica, depende en su etapa más feliz de dopamina y oxitocina, es hedónico, placentero. La persona es irreflexiva y evalúa poco las consecuencias de una mala decisión. El odio es un proceso de asociación de eventos aprendidos, se activan casi las mismas áreas cerebrales entre el amor y el odio. Las diferencias estriban en que el proceso emotivo del amor dura más tiempo y es incluso benéfico para el sistema inmunológico y cardiovascular. El proceso de odio-enojo es evaluado por el giro del cíngulo, dependen de mucho cortisol y disminución de serotonina. Conclusión: el amor y el odio comparten estructuras anatómicas y químicas, son parte de un proceso común, de expresión distinta. No es un paso reversible entre ellos, es un proceso dual, directamente proporcional a la capacidad de liberación de dopamina, madurez neuronal y de aprendizaje que se tiene. Es común evaluar amor sin odio en una adecuada salud mental, en contraste, es relativamente más frecuente identificar el odio sin amor en trastornos de la personalidad. La antítesis del amor no es el odio, es la indiferencia.

6. El amor es ciego

Ser ciego es una alteración a nivel ocular o en la corteza occipital. Un ciego aprende, tiene una gran capacidad de plasticidad neuronal, tiene una mayor sensibilidad auditiva y táctil, memoriza por ejemplo, en menor tiempo una serie de números. El enamoramiento es el proceso irreflexivo, intransigente, violento e irreal de un proceso en construcción que puede llevar al amor compasivo. A esto se puede atribuir el no ver o entender la realidad. Esta aseveración tiene más connotaciones psicológicas e incluso mitológicas, que fisiológicas. Conclusión: negar la realidad no es un proceso de ceguera, es un proceso por momentos voluntario y por momentos de inmadurez neuronal y psicológica. Mucha dopamina nos emociona y nos disminuye el análisis objetivo de la cotidianidad. Nada más objetivo que el proceso de la visión, la cual incluso identifica plenamente a la persona amada entre muchos rostros.

7. El amor siempre es heterosexual

La homosexualidad es un proceso en el cerebro. Tenemos la capacidad de amar a una persona del mismo sexo. No hacerlo, inhibirlo o limitarlo depende de muchos factores, entre ellos el social. El tema es controversial, sin embargo, la capacidad de querer a nuestro mismo sexo se puede apreciar en una resonancia magnética, la cual identifica que ver el rostro de amigos, hijos y padres del mismo sexo activan zonas corticales semejantes en secuencia a las que activa la pareja, las conclusiones de investigaciones a este punto indican que la capacidad de enamorarse del mismo sexo es limitada voluntariamente, sin embargo, esto no indica que no sea posible hacerlo. Conclusión: el amor como proceso cerebral que puede ser inducido por personas del mismo sexo no es una aberración o enfermedad.

8. Al hombre le tocan 7 mujeres

La epidemiología indica que hay más mujeres que hombres en México (2.6 millones más mujeres que varones, 2010). Nacen más niñas que niños en el mundo. Sin embargo, la mujer realiza una evaluación neurobiológica más intensa, avanzada e inteligente para seleccionar a la pareja: ella puede oler el complejo mayor de histocompatibilidad (CMH), analiza la capacidad inmunológica de su pareja en 3 segundos y es capaz de rechazar y sacrificar su selección, si el futuro padre de sus hijos no garantiza subsistencia biológico-económica y social. El varón tiene limitaciones para esto, no huele el CMH y su balance final de elección suele limitarse a satisfactores inmediatos. Conclusión: es la mujer la que elije, selecciona y aprueba una relación y a una pareja; tiene mejores procesos de evaluación. Un mayor número de mujeres no garantiza que el hombre elija.

9. Si te quiere... te hará sufrir

Sufrir es un proceso que refiere cambios en los niveles de dopamina, serotonina, activación prefrontal, límbica, etiquetación cíngular, memoria del hipocampo y cerebelo, incremento de cortisol, glucosa y disminución de la atención selectiva. Es decir, requiere de gran actividad con una consecuencia para el metabolismo cerebral: su incremento es significativo como con ninguna otra emoción. Tiene un reflejo neuroquímico: liberación de endorfinas, que disminuyen el dolor y generan placer. Una persona que se asume como agresor siendo pareja es indicador de inadecuada salud mental: disminución de las neuronas en espejo y una fuerte connotación a procesos compulsivos y neuróticos. Es posible generar dolor emocional ante la pérdida o un malentendido. Sin embargo, si el proceso es común en una relación establece dos cosas: una mala salud mental del agresor por no frenar su conducta y, quizá, también una inadecuada salud mental de quien recibe la ofensa repetidamente porque, después de llorar y sufrir, se puede tener placer por las endorfinas. Conclusión: en una adecuada relación de pareja no debe existir la dualidad amor-odio o felicidad-sufrimiento, besos-golpes, si existe, no debe dejarse como algo subjetivo o sin importancia. Es posible que se esté ante una patología en la salud mental.

10. Eres el amor de mi vida

En el campo de las neurociencias se tienen tres factores para evaluar el amor compasivo o verdadero. El que se construye después de 3 años de enamoramiento. El que pudo evolucionar y trascender en el tiempo. Los factores son: 1) La pareja debe ser admirada (inteligencia y sentido del humor), 2) La pareja debe de gustarnos (simetría de cara, cuerpo, etcétera.) y 3) La pareja debe tener reconocimiento social (desarrollo económico y posición a su entorno social). Por ello, en el enamoramiento, decirle a alguien que es el amor de tu vida, es una evaluación arriesgada y que puede llevar a conflictos. Creerlo puede llevar a realizar malas elecciones, prematuras y arriesgadas. Conclusión: parafraseando a Luis Eduardo Aute, no existen amores perdidos, son almas que jamás se encontraron, así como tampoco amores no correspondidos, admitamos que son amores no merecidos.

¡YA NO TE QUIERO!
BREVE NEUROBIOLOGÍA DEL DESAMOR

Terminar una relación amorosa tiene como antecedentes factores biológicos (neuroanatomía y neuroquímica), psicológicos (aprendizajes previos y antecedentes autobiográficos), así como sociales (cultura en la que nos desarrollamos). Todos los elementos se conjugan en un momento crítico. Las rupturas a edades previas a los 25 años son generalmente más dolorosas, en consecuencia, las que más marcan en la vida los patrones conductuales futuros. Nuestro cerebro a esa edad libera la mayor cantidad de dopamina que lograremos en la vida, la corteza prefrontal no se encuentra conectada totalmente y somos afines a la función hormonal en nuestro sistema límbico. El resultado es una constante negación de la lógica, búsquedas inmediatas de placer, un egoísmo social acompañado de decisiones poco pensadas. A esa edad, suelen establecerse vínculos amorosos intensos, pensando que son para siempre y sin meditar que pueden romperse por su fragilidad.

Entre un 70 y 90% de nuestras relaciones amorosas son transitorias. El enamoramiento es un proceso breve, proyectivo y con poca inteligencia, tiene fecha de caducidad; después este sentimiento, el conjunto de conductas y emociones, se transforma en un amor maduro que acepta, cuida y crece en proporción a la madurez de la pareja, o termina convirtiéndose en actos devaluatorios al cariño, la búsqueda y gusto por otras personas, infidelidad y finalmente discusiones, aislamiento, abandono o ruptura de la pareja.

Errores comunes en la separación

Ante la separación amorosa, dependiendo del tiempo, calidad y reforzadores que tuvo la relación, se procesa un duelo que es proporcional al cariño y pasión involucrado. Solemos tener algunas conductas que poco ayudan a recuperarnos del duelo y prolongan el dolor del desamor:

1. No se acepta la magnitud de la pérdida.
2. Se idealiza el pasado.
3. Sin razonamiento, se desea volver a vivir la experiencia amorosa.
4. Se busca mantener los vínculos aunque de manera amistosa.
5. Aparece el sentimiento de venganza.

Emociones y neuroquímica

Cuando nos dicen: "¡Ya no te quiero!" Emerge una mezcla de emociones que provienen de los más recónditos lugares de nuestro sistema límbico, parte de nuestro cerebro irreflexivo, emotivo y poco congruente: se siente desamparo, enojo, desolación, angustia, necesidad de justicia asociado a tristeza y una gran vulnerabilidad. En segundos, el cerebro organiza respuestas para procurar protegernos, muchas de ellas son inconscientes, son reflejos que procuran terminar el proceso de dolor. Se activan sistemas neuro-hormonales que activan al cuerpo para huir o luchar: se incrementa la liberación de cortisol, noradrenalina, vasopresina, adrenalina y linfocinas, disminuyen las concentraciones de serotonina, opioides y oxitocina. El resultado es un cambio neuroquímico que conlleva pensamientos repetitivos, tristes y estresantes.

Al romper la relación, la fuente de placer se ha ido, la liberación del neurotransmisor que da la felicidad cae abruptamente, la dopamina. El cerebro disminuye la sensación de vigor y emoción. Existen algunas diferencias de género en el proceso de manifestación de la conducta en la ruptura amorosa; las mujeres por cada año de enamoramiento suelen recuperarse en tres meses, en tanto que los varones no involucran ni siquiera un mes, en 28 días comúnmente un varón recupera su estado neuroquímico. De ahí algunas diferencia por las cuales ellos suelen salir más rápido del evento. La oxitocina, la hormona del amor, disminuye, pero nos juega una ironía terrible, es la que nos hace recordar las cosas buenas de la persona, aunque ya no esté con nosotros y, aún más, cuando la separación fue dolorosa. El apego se construye en las primeras etapas de la relación. La disminución de serotonina es la responsable de generar la melancolía: las lágrimas; esta variación química cerebral es la que sumerge al desamor en un estado de cambios en los patrones de sueño, atención y memorias cortas. Los varones tienen una mayor fuente de testosterona y vasopresina, este factor hormonal los vuelve refractarios al llanto y promueve una salida más rápida del evento triste de la ruptura; el cerebro varonil está capacitado para hacer ciclos de dopamina inmediatos y salidas de escape con mayor éxito.

Neuroanatomía del desamor

No nos rompen el corazón cuando nos sentimos abandonados, despojados u olvidados. Este dolor en el pecho por el desamor se inicia y se fortalece en el cerebro, en un área denominada giro del cíngulo, que procesa el evento consciente del dolor corporal, emociones y proyección social. Esta área cerebral es la mayor liberadora de serotonina; semejante a la depresión, el inicio de la ruptura se asocia a tristeza y sensaciones dolorosas. Este es el principal reforzador negativo de la experiencia y el que más memoria va a dejar. El aprendizaje viaja al hipocampo y se fortalece con la retroalimentación de los eventos que analiza la corteza prefrontal.

Cuando el proceso de ruptura amorosa se da, en 300 milisegundos el cerebro entiende el "¡no te quiero!", 600 milisegundos después, es decir, al segundo de terminar la terrible y horrenda frase, ambos hemisferios están trabajando. Iniciamos un evento consciente, la parte más inteligente de nuestro cerebro inicia negando la situación, eventualmente, genera frases de enojo y autoprotección. La corteza prefrontal trata de coordinar respuestas, actitudes o terminar una discusión. El problema se genera inmediatamente, en promedio entre 8 a 10 minutos; quien domina ahora la modulación de las conductas es el sistema límbico, en espacial los ganglios basales y la amígdala cerebral están organizando actitudes violentas, repetitivas y de actitud de no escuchar opiniones de quien trata de ser congruente. La dificultad radica en que si la pareja discute con el sistema límbico, la disputa, el altercado y las ofensas están destinadas a dañar mucho más.

El enojo domina a partir de ese momento. La mayoría de los cerebros enojados no son congruentes con la lógica con la que piensa con respecto a lo que hace y planea, debido a que gradualmente se va perdiendo el control prefrontal. La descarga emotiva provoca también una activación corporal, la presiona arterial y la frecuencia cardiaca aumentan, la respiración se hace profunda, se busca más oxigenación cerebral y muscular. Los niveles sanguíneos de glucosa aumentan, provocando estados de activación neuronal, un resultado de esto por ejemplo es la noche de la separación en la cual es difícil conciliar el sueño, todo se convierte en amenaza y hay evidentes cambios en el apetito. Todo este cambio químico, cerebral y corporal hace que nos la pasemos mal los primeros días.

Otra paradoja neurofisiológica: el cerebro busca autolimitar la sanación caótica, estar tristes y llorar por la ruptura tienen un principio de calmar y desensibilizar a largo plazo este estado. Si bien, llorar provoca que quien ve nuestras lágrimas se tranquilice y genere empatía con nosotros, nuestro llanto genera cansancio, poco a poco, lloramos menos por el evento y solemos mejorar nuestra autoestima.

Romper, distanciarse y terminar una relación es parte del proceso del amor y construcción de los apegos. Es una capacitación, es un aprendizaje. Es necesario saberse separar y recordar con agrado amores de antaño. El cerebro se va a quedar con detalles y elementos. Romper es la oportunidad de iniciar otra relación pero con eventos aprendidos, errores que no deberán repetirse. Hay vida después de la ruptura. Es necesario entender que lo mejor viene adelante, no aferrarnos a quien no nos quiere es el principal aprendizaje de las lágrimas y la separación. Nadie nos dijo que romper una relación comúnmente suscita dolor, melancolía, odio, deseo de venganza y al final, aprendizaje y madurez. Hasta que nos sucede, lo entendemos. Es de suma importancia entender que amar y ser parte de la vida de alguien lleva consigo siempre la posibilidad de la separación y la ruptura del vínculo.

LA ANTÍTESIS DEL DESAMOR

¿Cómo construye amor el cerebro?

Ante una separación, una ruptura y el recuerdo que no deja vivir a causa de la ausencia dolorosa de la persona amada, ¿es posible hacer algo para evitar el dolor? Después de un enamoramiento ¿se puede volver a enamorar a la misma persona? Ante un largo tiempo de relación ¿es posible incrementar el amor por la persona amada?

De acuerdo a un estudio publicado por Pileggy en *Scientific Mind* (feb 2010, 34-39) y Epstein R. (28-33), existen tres factores que pueden ayudar a una relación.

Socialmente una pareja construye amor, si:

1. Hay un **soporte mutuo de entusiasmo** ante las adversidades. El éxito se comparte con la pareja.
2. Ante buenas noticias, **ambos se sienten felices.** Si uno de ellos es apático, el proceso de apego se dificulta.
3. Se evitan respuestas pasivas ante los problemas; el silencio rompe la dinámica de felicidad y apego. Preguntar, decir palabras de ánimo, hablar directamente mejoran la construcción de amor.

Neuroquímica que favorece el amor:

1. Dos construyen una pareja: abrazarse para iniciar una comunicación sin palabras. Si la respiración gradualmente se sincroniza entre ambos, después de

pocos minutos, la liberación de oxitocina favorece la relajación, disminuye la ansiedad e incrementa la sensación de apego.

2. La mirada incrementa el amor: solo dos minutos de sinceridad frente a los ojos de la pareja y decirle por qué quieres estar con ella, incrementa significativamente la dopamina, serotonina y endorfinas en el cerebro.

3. Abrazar construye un amor verdadero: abrazar, dejar ir poco a poco tu peso para que tu pareja a través de un reflejo normal evite ser desplazado, logra que en menos de dos minutos el cerebro genere oxitocina y disminuya la sensación de enojo o reduce la tristeza. Repetirlo varias veces como juego tiene un cambio neuroquímico que permite el apego.

4. Saber acercarse mantiene el interés: si una persona se acerca poco a poco, en promedio cada diez segundos gana 2 a 5 cm para tocar la mano, acercar la cara, o alejarse y volver al sitio inicial y volver acercarse; induce liberación de dopamina. Si toca el cuerpo o besa los labios, después de este proceso, la sensación es más placentera, la emoción de dopamina y endorfina hacen de esto momentos inolvidables y maravillosos.

Psicología que favorece el amor, a través de activaciones anatómicas cerebrales:

1. **Copiar la conducta.** Después de estar juntos por más de doce meses es común que ambos copien detalles del otro. Palabras, ademanes, expresiones, hacen sentir importante a la pareja. La activación

del giro del cíngulo disminuye la agresión y procesa entendimiento de nuestras conductas.

2. **Ser confidentes**: compartir secretos ayuda al amor. Un confidente, compañero de travesuras, ayuda al amor. Aquellos que NO tienen secretos que compartir, se separan más rápido. Este proceso favorece activación de la amígdala cerebral e hipocampo, conductas con memoria que fortalecen el aprendizaje.

3. **Escribirle** a menudo lo que puede ayudar como pareja, favorece el amor. Con pocas palabras, sin involucrar mucho tiempo, un mensaje, una frase, activa áreas cerebrales que permiten la memoria y la desensibilización de un problema.

4. **Tomar la mano**: Tocar las palmas de la mano, sin cerrarlas, acariciarlas por varios minutos, generan en el cerebro la necesidad de continuar el proceso. Activar de esta forma la corteza parietal, frontal y disminuir las proyecciones negativas límbicas, pueden cortar un proceso de discusión y favorecen el perdón.

CAPÍTULO 3

El cerebro de todos los días

HALLAZGOS RECIENTES QUE NO CONOCÍAMOS DEL CEREBRO EN LA VIDA COTIDIANA

En el reciente congreso más grande del mundo en relación a descubrimientos de las Neurociencias (*Society for Neuroscience*), nos dimos a la tarea de recolectar algunos hallazgos del cerebro en la vida cotidiana, aquí los resultados que compartimos con ustedes.

El helado y el cerebro

Hallazgos recientes consideran que el helado, una golosina no muy sana, puede ser adíctivo. El poder del helado: la sensación del sabor dulce se incrementa cuando su temperatura disminuye y es de un solo color. Ver un helado derritiéndose incrementa la expectativa de su sabor y de su consumo en el cerebro, por lo que comerlo en el momento de mayor deseo hace que se perciba un sabor dulce más intenso y se disfruta más.

El cerebro adolescente y las drogas

El cerebro adolescente expresa una mayor abstinencia farmacológica y con fuerte manifestación clínica a la tolerancia y dependencia de drogas como el alcohol y la cocaína. Las adicciones son un problema de edad cerebral: éstas se inician comúnmente en la adolescencia y tienen peor pronóstico cuando no se tiene control por parte de la corteza prefrontal. De ahí la importancia de una adecuada atención a poblaciones vulnerables. La edad representa un periodo crítico en la prevención y tratamiento.

Los horarios, la vida y el hipotálamo

El horario de la vida lo lleva el cerebro y en especial el hipotálamo. Esta estructura cerebral es la responsable de nuestros hábitos cotidianos, relación día/noche, hambre, sed, sueño e incluso enamoramiento. Todos estos procesos cotidianos se inician por actividad de genes-reloj que se encuentran en las células del hipotálamo. Algunas sustancias como el alcohol, el café o antidepresivos hacen trabajar más rápido al hipotálamo para adaptarse más rápido a nuevos horarios, lo cual es bueno y necesario en tiempos cortos, pero puede ser el inicio de algunos trastornos si se mantiene su ingesta en abuso por días y, peor aún, por meses.

Un problema puede cambiar la atención por varios días

Un evento o desavenencia que nos cause estrés puede cambiar nuestra atención y memoria hasta por una semana. Inicialmente, el cerebro interpreta muchos eventos como estrés: embarazo, cambio de horario, dieta nueva o incluso la modificación de la temperatura de nuestro ambiente. El cuerpo responde elevando hormonas ante el estrés, en especial el cortisol, un esteroide que ayuda a adaptarnos a estos eventos. El cortisol aumenta, generando que la actividad cardiaca, cerebral y metabólica aumente, favoreciendo una mayor llegada de sangre a los órganos de nuestro cuerpo y sustratos energéticos para una mejor función celular. Si esto se mantiene ininterrumpidamente por más de 72 horas, se modifica la vida de algunas neuronas, por ejemplo, en el hipocampo, zona del cerebro importante para el aprendizaje. Un incremento de cortisol por mucho tiempo puede matar neuronas. Estructuras cerebrales como la amígdala cerebral y el hipocampo son también muy sensibles al cortisol.

El estado de ánimo y los efectos de medicamentos

El efecto de algunos medicamentos en nuestro cuerpo puede no ser siempre el mismo. El estado de alerta, miedo o ansiedad cambia el efecto de algunos fármacos. Por ejemplo, estudios recientes indican que a la l-carnitina se le ha caracterizado como un nuevo antidepresivo. Su efecto disminuye durante el estrés. Por lo anterior, debemos entender que también depende de nuestro estado funcional para que algunos medicamentos incrementen su eficacia.

Comer muchas grasas disminuye la memoria

El consumo desproporcionado de grasas tiene consecuencias negativas en nuestra vida cotidiana a mediano y largo plazo. Una inadecuada dieta disminuye la capacidad de aprender en cualquier etapa de la vida. Por ejemplo, una dieta alta en grasas por ocho semanas disminuye la memoria. Esto se debe a que neuronas del hipocampo son vulnerables al incremento de las grasas en la dieta, cambiando su metabolismo y función, haciéndolas más vulnerables.

La felicidad y las historias de infancia

Nuestra felicidad actual, de este día, de adultos, depende de historias que aprendimos en la infancia. Asimismo, la experiencia de alegría de otros incrementa la expectativa de alegría cotidiana, por lo tanto: las historias y cuentos infantiles son importantes en la vida de todo ser humano. NO es en vano saber cuentos y que a través de ellos busquemos explicarnos algunas conductas propias o de externos para entender mejor el balance de lo bueno y lo malo. Queda de manifiesto que otorgarnos una adecuada explicación de nuestras dificultades ayuda a entender mejor los problemas y disminuye la ansiedad.

Golpes en la cabeza y sus consecuencias en el estado de ánimo

Traumatismos en la cabeza tienen muchas consecuencias: la más frecuente es la depresión y la disminución de la memoria. La serotonina disminuye, incluso hasta seis meses después de un fuerte golpe en la cabeza. La serotonina es el neurotransmisor responsable del equilibro entre una salud mental favorable y el proceso de la depresión, sin serotonina disminuye el aprendizaje y se puede iniciar el proceso de depresión en una persona. Con fuertes golpes en la cabeza durante la vida de una persona, como por ejemplos boxeadores, jugadores de futbol americano, es muy probable la depresión crónica y la pérdida gradual de la memoria.

LAS PELÍCULAS, IR AL CINE...
Y EL CEREBRO

El estreno de una película que esperamos con ansia, ir a una sala de cine, hacer una larga fila que incrementa la ansiedad por el inicio de la proyección; ya en la butaca, disfrutar los reforzadores positivos del evento (palomitas de maíz, dulces y refrescos). Todo parece tener los ingredientes sociales para que el espectáculo sea perfecto: nuestras neuronas están ávidas de una aventura en la pantalla cinematográfica. Si así lo es, en nuestro cerebro se quedará la memoria de ese día fantástico, algunas escenas serán nuestras favoritas y desearemos volver a ver el filme: la película fue un éxito. De no ser lo que esperábamos, el aprendizaje es más rápido, el desencanto evitará volver a ver lo que no fue de nuestro agrado.

Ver, vivir e identificarnos con los personajes de una película es común. Pocas veces hacemos una reflexión al respecto, nuestro cerebro aprendió de la película, otorgo atención, entendió que algunas mentiras son necesarias para que se cumpla el objetivo: entretener y procurar que el espectador vuelva a ver la misma película o al menos se interese por algunas películas del tema. *Ver una película conlleva todo un proceso cerebral.*

Ir al cine

Ir al cine motiva, comúnmente cambia la rutina de vida y genera expectativa de sentirnos contentos. Este hecho tan simple incrementa dopamina en el sistema de recompensa de nuestro cerebro. La dopamina es el neurotransmisor que nos otorga la sensación de felicidad, plenitud y regocijo. Entre más dopamina se libere dentro de nuestro cerebro, más felices somos. Por ello, sabernos prometer una recompensa, ya con él solo hecho de prometernos, nos hace feliz. Este proceso es directamente proporcional a la expectativa que se tiene sobre el argumento de la película. Sin embargo, más del 85% de las películas que hemos visto en nuestra vida no han tenido la fortaleza para recordarlas. Pocas son las películas que se quedan en nuestra memoria. Entre más dopamina, más atención ponemos, ubicamos detalles y solemos esperar finales felices. Las películas que jugaron a elevar más nuestra dopamina cerebral son las que más recordamos. De ello dependió la etapa de la vida en la que la vimos, la expectativa y quien nos acompañó a verla.

La emoción y la verdad

La emoción nos hace aceptar mentiras y argumentos ilógicos. Las emociones amplifican los mensajes. Entre más dopamina libera nuestro cerebro, menos frenos le pone a la lógica. Ver personajes volando, viajar a otros planetas en segundos, ir y regresar de la muerte, no funcionan sin un argumento que esté basado en generar emociones. Esto se logra a través de activar regiones cerebrales que esperan un proceso de atención a evitar sufrimientos de los personajes, consumar venganzas de los protagonistas o al menos que al malo no le vaya bien. Si reír nos genera placer, llorar nos elabora impotencia y el enojo demanda justicia, todas estas emociones tienen en común hacer que el cerebro ponga más atención y el argumento de la película sea mejor entendido. Las mejores películas deben tener al menos dos de estas tres emociones.

Mediante estudios de resonancia magnética se ha medido que durante una película nuestro cerebro se activa diferencialmente:

1. Se activa mucho nuestro cerebro izquierdo, entiende del lenguaje y la lógica de las palabras. El hemisferio derecho se activa cuando las escenas se acompañan de música, la cual es un potente reforzador de las emociones que se quieren lograr. Durante toda la película, el hemisferio occipital está muy activo, es el área visual primaria, es fundamental para soportar más de dos horas de atención continua.

2. La corteza frontal pone atención, es la parte del cerebro que construye la historia y propone el final, si el argumento es muy fuerte y el final es el esperado, nos sentimos felices. Un final inesperado puede llevarnos a una montaña rusa de emociones: tristes o enojados. Estructuras cerebrales denominadas ganglios basales ayudan a distinguir los fenómenos nuevos, las causas y consecuencias del argumento cuando éste no tiene lógica.

3. Nuestras neuronas en espejo se activan más al inicio de la película. Si nos identificamos con un personaje, podemos mover las manos o las piernas, como lo hace en alguna escena el personaje principal. Estas neuronas copian movimientos o incluso se puede sentir el dolor ante un golpe en alguna pelea o escena de acción. Ver un beso apasionado es capaz de generar oxitocina en nuestro hipotálamo.

4. El giro del cíngulo es una estructura cerebral que se activa cuando nos identificamos con algún personaje. Entendemos su llanto, su dolor y su ira. Nos conmueve su pérdida y nos hace sentir empatía con "los buenos" de la película. Difícilmente sentimos empatía por "los malos" o con los datos antisociales o que contraponen la moral. Es el giro del cíngulo el responsable de salir felices de la sala de cine, cuando nuestro héroe gana o las circunstancias fueron como las esperábamos.

5. Las amenazas, el terror y la ira son consecuencia de la activación de la amígdala cerebral. El sistema límbico detecta el horror y el peligro. Lo interesante es que cuando sentimos que todo está en control, es decir, que no nos va a suceder nada, este peligro asociado a la dopamina, se hace adictivo o al menos placentero. De ahí que algunas personas disfrutan las películas de terror.

6. Llorar es una consecuencia de activación del giro del cíngulo y la ínsula. La muerte, la pérdida, el abandono, activan estas regiones del cerebro que también asocian dolor corporal y dolor moral. Por eso, asociar la muerte de uno de los personajes principales puede generar dolor en el pecho o la sensación de agua fría que recorre nuestro cuerpo.

7. Finalmente, el recuerdo se da por activación del hipocampo. La película se quedará en nuestra memoria, la asociaremos con muchos eventos que sucedieron ese día. Tal vez se nos olviden secuencias del argumento en años, o el final. Tal vez, volverla a ver ya no sea

la misma emoción. Lo que hace el cerebro es buscar sentir lo mismo, pero la memoria casi nos falla cuando repetimos algo que nos hizo feliz. Muchas personas siguen derramando lágrimas con escenas ya tantas veces vistas, algunas otras encuentran otra explicación a las secuencias y significados distintos a la película años después. Lo que sí es claro es que casi todas las personas recuerdan con cierta nostalgia volver a ver la película que los hizo feliz hace años; se lo debemos al hipocampo de nuestro cerebro.

El éxito de la película es activar varias zonas del cerebro al mismo tiempo y con ello generar el máximo de emociones, modificar en forma transitoria y reversible el estado neuroquímico de nuestras neuronas.

Con esto, dos puntos finales: reconocer la magia de nuestro cerebro y de las emociones al ver una película, y agradecer a quienes hacen de las historias del cine el reflejo de los sueños y sus fantasías.

LA EXPERIENCIA MUSICAL EN EL CEREBRO

La música es un patrón regular de ruido que depende de su fuente (instrumento musical), el timbre o calidad de un sonido y la frecuencia (armonía) para atrapar nuestra atención. La música puede provocar emociones positivas como la alegría, las risas, el apego que inducen conductas de aproximación y bienestar; en contraste, una canción que nos recuerda a una expareja puede generar palpitaciones, sudoración, estremecimiento asociadas a emociones negativas como el enojo y la tristeza que generan aislamiento y la sensación de dolor.

Los procesos musicales están presentes en la cotidianidad. Fragmentos lentos y suaves suscitan tranquilidad. Las canciones son excelentes reforzadores de mensajes, acentuadores de emociones y con capacidad de cambiar nuestro estado de ánimo. Nos ayudan a aprender y favorecen la atención o atraparnos en el éxtasis de aislarnos socialmente hasta llevarnos a la adicción de los audífonos. La hostilidad, ansiedad o irritación se reducen considerablemente al escuchar música instrumental o agradable a nuestro pensamiento.

La música que nos gusta activa áreas cerebrales que favorecen la motivación, reduce el cansancio y otorga la experiencia de que el tiempo pasa rápido. Escuchar nuestra lista de éxitos musicales al hacer ejercicio incrementa el rendimiento físico hasta en un 20%. La música —rock o clásica— puede contribuir a un ambiente de excitación erótica en contraste un canto fúnebre que inhibe totalmente el deseo sexual. Cantar favorece un cambio neuroquímico que permite que disminuya el dolor y la depresión. Escuchar música puede ayudar en el tratamiento de algunos trastornos, como el Parkinson ya que ayuda a mejorar el equilibrio y la capacidad para caminar. Tocar piano induce placer y ayuda a una rápida recuperación a las personas que tuvieron infartos cerebrales. La música alegre disminuye actitudes agresivas y ayuda a fortalecer al sistema inmunológico. La música instrumental es capaz de disminuir la frecuencia cardiaca, generar que nuestra respiración sea más profunda e incrementa la saturación de oxígeno en la sangre. En contraparte, la música con un tiempo más rápido aumenta significativamente la frecuencia cardiaca, la ventilación, la presión arterial y la actividad motora ¡nos pone a bailar!

Un bebé antes de nacer puede reconocer la música del ambiente desde el sexto mes de embarazo, capacidad que nunca va a perder. El cerebro de un bebé de un año muestra sensibilidad a escalas musicales. La música incluso se entiende antes que el lenguaje.

La música y su neuroanatomía

De una canción, el cerebro interpreta en forma dinámica y por separado: la frecuencia, el timbre, el ritmo y la intensidad. Escuchar música es un proceso maravilloso de activación cerebral: recepción, emoción, actividad autonómica, cognitiva (aprendizaje) y actividad para movernos al ritmo. Seguir la letra la canción es la consecuencia de activación de módulos neuronales de lenguaje, actividad atentiva y redes neuronales que se activan con frecuencias produciendo emociones. La música se analiza por dos sistemas en paralelo: el ritmo y el compás que conllevan el análisis del tono y los intervalos.

El viaje de la música en nuestro cerebro inicia en el tímpano, de ahí se transmite a través del tallo cerebral, al mesencéfalo hasta llegar al tálamo que a su vez proyecta la información a la corteza cerebral auditiva que se encuentra en el lóbulo temporal. Una música agradable activa los lóbulos frontal y parietal. Ahí, la música se divide para su análisis, se envía al giro del cíngulo y una zona cerebral conocida como ínsula, con lo que nos sentimos cantantes, elevamos la emoción y en un karaoke nos comportamos como estrellas de rock. También la información musical se proyecta al hipocampo, con lo cual evocamos recuerdos, asociamos emociones pasadas, podemos suspirar y terminar en el llanto. Después, la música manda módulos de la amígdala cerebral y ganglios basales que genera emoción por lo que a veces sentimos enojo o melancolía cuando nos recuerdan un mal amor o definitivamente nos motivamos a seguir en el esfuerzo si estamos haciendo ejercicio; el cerebelo nos hace movernos al compás de una canción pegajosa y se queda con memorias de movimiento, por lo cual, saber bailar una cumbia o un vals se lo debemos en gran medida a él.

El hemisferio izquierdo es un especialista en el procesamiento del ritmo y el mensaje de la letra. En tanto que el hemisferio derecho detecta el ritmo poético y el tono emocional del lenguaje. La interpretación de la sintaxis musical radica en los lóbulos: frontal y temporal de nuestro cerebro, es decir, en las regiones más inteligentes. Por lo tanto, una canción de la que nos aprendemos la letra es una función de atención, memoria e inteligencia del lóbulo izquierdo, y escuchar una melodía instrumental activa más al lóbulo derecho.

Debido a que la música estimula patrones de frecuencia de activación del hipocampo parecido al aprendizaje, una sesión musical puede incrementar los procesos de atención, aunque no nos hace más inteligentes, sí es posible que nos incremente la memoria y la capacidad de atención. Por lo tanto, la música genera plasticidad sináptica.

Nuestro cerebro imagina música, muchas veces cuando escuchamos ciertos instrumentos solemos imaginar que los tocamos, nuestras neuronas en espejo del lóbulo frontal se activan. Aquellas personas que hacen música tienen un ajuste fino en su coordinación sensorio motora, una mayor memoria, sostienen más atención por tiempos cortos y tienen un mayor rendimiento de lectura.

La música y su neuroquímica

Cuando escuchamos la música que nos gusta se activan dos áreas importantes para los cambios neuroquímicos en el cerebro: el núcleo accumbens y el área tegmental ventral que son las liberadoras más importantes de dopamina. En consecuencia existe un proceso de felicidad y emoción directamente proporcional al gusto de la música. Más aún si esta música no se escuchó por mucho tiempo o hemos esperado para sentirla otra vez.

La liberación de dopamina puede ser tan grande que reduce la actividad de la corteza prefrontal generando que disminuyamos la atención del entorno, nos sentimos vigorosos acortando la capacidad de filtro social y en consecuencia podemos bailar y gritar en un evento público, lo que de otra manera sería muy difícil de realizar. Este proceso también permite la liberación de endorfinas las cuales generan sensaciones de bienestar y disminución de dolor que junto con la dopamina nos permiten ser más sociables y promover —a través del proceso de la música— un evento adictivo, por eso buscamos repetir las fiestas agradables, ser felices al correr con ciertas melodías motivantes, y recordar con emoción bailes inolvidables o conciertos apoteóticos.

Si el evento de bailar o cantar en público se asocia con varias personas las cuales comparten con nosotros la felicidad, la música de ese momento, el cerebro también es capaz de liberar oxitocina, incrementando la función de apego social, por lo que la música en esta condición además de ser agradable, genera un proceso de empatía social.

El éxtasis musical también incrementa factores de crecimiento neuronal y de óxido nítrico, lo cual favorece vasodilatación, es decir, más llegada de sangre al cerebro.

La música permite que diversas estructuras cerebrales se activen y se conecten, induciendo una adaptación positiva para la vida y generando un estado neuroquímico que difícilmente otras actividades pueden provocar, por eso la música viaja a lugares dentro de nuestro cerebro en donde las palabras por sí solas a veces no pueden llegar.

EL CEREBRO DE MAMÁ

Tener un hijo cambia de forma irreversible la forma de pensar, de ver la vida, de analizar problemas. Ser madre promueve un proceso de maduración cerebral. Cuando una mujer se embaraza, tiene un parto y abraza a su hijo, sin saberlo está remodelando áreas cerebrales y modificando conexiones neuronales.

Una mujer antes de tener un hijo se ocupa de ser atractiva a los demás, en especial al sexo opuesto. Su conducta oscila entre ser egoísta, pasando por la vanidad hasta la obsesión de conseguir la atención. Esto cambia cuando una mujer se embaraza y tiene un hijo. Un bebé incrementa la memoria de su madre, aumenta la resistencia al estrés, agudiza la atención en el periodo postparto, la hace más solidaria ante el dolor emocional y aumenta la audacia de ella al planear soluciones ante problemas relacionados con la salud de su hijo.

Hormonas para el cerebro de mamá

El cerebro de una mujer que desea a su hijo, que sabe que su aumento de peso es en beneficio de su bebé, gradualmente libera oxitocina, una hormona que induce conducta de apego, solidaridad, amor y fidelidad. ¡Los cambios en su cuerpo valen la pena por dar una vida!

El cerebro de mamá incrementa la producción de prolactina que la prepara para amamantar a su hijo, disminuyendo el deseo sexual y aumentando la sensación de placer al contacto físico entre personas. Los niveles de beta endorfinas se elevan, produciendo con ello placer por sentir movimientos de su hijo en el vientre o ante la cercanía de conocerlo.

Paradójicamente, entre el mes 3 y 9 de embarazo la futura madre, se hace más vulnerable emocionalmente, llora con facilidad y se duerme más fácil, esto se debe a los niveles ascendentes de la hormona progesterona; asimismo, esta hormona hace que mamá gane peso, disminuya su presión arterial, su intestino trabaje lentamente, su corazón va cambiando la forma de bombear la sangre y su riñón se hace más eficiente al depurar sustancias toxicas del cuerpo. Todo tiene un principio biológico: el bebé en formación debe tener condiciones intrauterinas perfectas para desarrollarse y madurar.

Los estrógenos favorecen que en el embarazo una mujer recuerde detalles emocionales con más fuerza, ya que permiten el crecimiento de dendritas, una parte de la neurona que al conectarse más le permite poner más atención y mejorar la memoria. Entre la semana 5 a la 12 del embarazo, una madre siente náuseas y en ocasiones el vómito la traiciona. Esto se debe a que su sistema inmunológico disminuye su función y unas hormonas responsables de la formación y función de la placenta, conocidas como gonadotrofinas coriónicas, en forma alterna favorecen que el cerebro sobredimensione olores y sabores previniendo de venenos, alimentos en mal estado, por ello una futura madre puede pasarla mal ante olores de comida, alimentos grasosos o alimentos condimentados.

Un regalo para el cerebro de una madre

La llegada a la vida de un hijo es un mundo de estímulos al cerebro de la madre, que antes no había atendido y ahora aprende, interpreta y evalúa de forma inmediata. Áreas cerebrales como la corteza prefrontal, el hipocampo y giro del cíngulo se conectan con más eficiencia: es decir, una madre primeriza incrementa conexiones de sus neuronas que favorecen los recuerdos, la interpretación de emociones y la toma de mejores decisiones. Inmediatamente después de nacer el bebé, el cerebro de la madre comienza a generar nuevas neuronas, en especial en los lóbulos frontal y parietal. El hipotálamo incrementa los receptores a opiáceos, lo cual cambia el umbral al dolor. En el nervio olfatorio se desarrolla la división neuronal, incrementando esta capacidad perceptiva. Un recién nacido atrae siempre la atención de su madre. El olor, el contacto con la piel y el encuentro de la mirada con su bebé jamás se olvidan.

Una madre ama a su hijo por sobre todas las cosas, su cariño es innegociable. Una madre ve a su hijo como el más hermoso, el más inteligente y el mejor. Así debe ser, su oxitocina y dopamina le quitan objetividad y al mismo tiempo este proceso hará que toda la vida el vínculo esté presente entre ambos. Sin saberlo ella, al besarlo, abrazarlo, amamantarlo y hablarle, también su hijo libera oxitocina en su pequeño cerebro, lo que hará más profundo el apego.

Los humanos somos una especie gregaria, que necesita del cuidado social para vivir. Es la madre quien otorga inicialmente estas estrategias biológicas asociadas al entorno psicológico y social. Una mujer, al ser madre cambia para siempre su cerebro. Sin duda, el primer regalo de la vida que una mamá tiene es reorganizar y reconectar su cerebro, un regalo que es dual tanto para ella como para su hijo, un futuro adulto que no debe olvidar las primeras enseñanzas de amor que le otorgó su madre.

EL CEREBRO EN LA VIDA, ¿SE ENCOGE?

El cerebro, órgano maravilloso cuyo peso promedio es de 1.4 kg, en la vida crece y madura, pero gradualmente se modifica después de cumplir 40 años: toma mejores decisiones y tal parece que poco a poco disminuye su volumen. Estos cambios son semejantes en todos los seres humanos independientemente de la cultura, la geografía y la etnia.

Nacemos con cien mil millones de neuronas en nuestro cerebro, éstas gradualmente cambian sus conexiones para dar paso a redes neuronales especializadas que nos hacen emocionarnos, recordar, aburrirnos, odiar, llorar... entre muchas otras emociones. Después de los 35 años, en promedio, todos los días mueren entre 20 mil a 50 mil neuronas, ésta pérdida es mayor si nos desvelamos, estamos estresados, no comemos o bebemos alcohol en exceso. Es decir, el cerebro cambia, se transforma y hace un proceso normal: encogerse.

Nuestro cerebro gradualmente integra de manera exitosa más información y la utiliza con eficiencia, pero poco a poco va cambiando en la vida, recordamos con énfasis eventos pasados, significativos y llenos de emociones, sin embargo solemos olvidar lo que comimos ayer, a veces no recordamos el pago de la tarjeta, dejamos de lado una cita o borramos el nombre de una persona. Reímos menos y nos preocupamos más en la medida que maduramos.

A diferencia de otros mamíferos como changos, gatos, perros, etcétera, los humanos tenemos una corteza prefrontal más desarrollada que nos hace inteligentes al razonar y, en contraste, menos grandes y mejor adaptadas las estructuras que nos hacen emocionarnos como el sistema límbico (hipocampo, hipotálamo, amígdala cerebral y área tegmental ventral). Por eso razonamos más que cualquier otro simio, somos menos violentos que un león, nos calmamos ante un abrazo y nos gusta vivir en grupo. Pero somos una especie longeva, y un órgano que en especial recibe las consecuencias de envejecer es el cerebro.

Cerebro social y su pago

Ser sociables, vivir en lugares cerrados y tener las comodidades de la vida cotidiana, tuvo algunas consecuencias en la evolución. Por ejemplo, mamíferos que viven cazando, con estímulos de lucha violenta y peligros constantes, tienen más redes neuronales que cuando viven en cautiverio, en donde todo se les proporciona y no sufren por obtener su alimento. Los humanos, entre más comodidades tienen, menos se esfuerzan por lograr un beneficio y sufren más en condiciones de estrés.

En nuestra vida cotidiana una amenaza vehicular, un problema con la pareja, correr el riesgo de un negocio o tomar decisiones en la escuela es un símil de evitar el ataque de un depredador en el caso de nuestros antepasados de las cavernas. Nuestro cerebro está diseñado para sufrir y al mismo tiempo para evitar peligros, para huir, luchar o adaptarnos. Las circunstancias de una vida cómoda han hecho que algunas estructuras como el giro del cíngulo, la amígdala cerebral, la ínsula, no se utilicen con frecuencia, modifiquen la secuencia de activación o disminuya la evaluación de riesgos o peligros y en consecuencia disminuya la capacidad de afrontar y resolver desavenencias, es decir: a más comodidades las neuronas se hacen flojas. No es malo tener problemas, estos nos ayudan a activarnos y sacarnos de la zona de confort. Es necesario ubicar el problema y la solución del mismo.

No hacer ejercicio por utilizar escaleras eléctricas, estar sentado manejando por tres horas o mantener una actividad en un escritorio por más de ocho horas al día, asociado a comer alimentos refinados evitando los integrales, desvelarnos sin motivos como leer el celular en la cama, enojarnos fácilmente sin meditar la causa de nuestra molestia, generalmente tienen consecuencias negativas neuronales: disminución de la velocidad del pensamiento, reducción de la masa muscular, alteración de la liberación de hormonas que promueven la ganancia de peso y una tendencia a procurar ser menos activos en el día. Seguir esta tendencia puede contribuir a cambios en la talla corporal asociados a cerebros pequeños en el futuro de la especie humana.

En las grandes ciudades, donde se contribuye poco a que sus pobladores hagan ejercicio, la información social que predomina está en función el pensar menos y obtener mejores beneficios a expensas de un menor gasto de energía: entregas a domicilio, comidas inmediatas o núcleos comerciales que integran lo necesario para la obtención inmediata de beneficios: cine, juegos, compras, etcétera.

Actualmente en el campo de la ciencia médica se tienen mejores estrategias para diagnosticar y tratar enfermedades mentales (resonancia magnética, tomografías, además de un gran diversidad de medicinas), asimismo como especie pretendemos ser una población madura, asociado a que somos más en este mundo que hace 50 años. Sin embargo, es un hecho que como sociedad tenemos más diagnósticos de depresión, identificamos más ansiedad, ha crecido el número de casos de autismo, es más frecuente la demencia senil de tipo Alzheimer, y la incidencia de ataques de pánico ya resulta un problema de salud. Si bien no es una causa, no agilizar nuestro cerebro sí contribuye al inicio de algunas patologías o en su defecto, no favorece una recuperación si la persona ya tiene tratamiento. Nos conviene como sociedad ser menos sedentarios; nos beneficia ser más activos.

Hace 60 años se pensaba que después del año 2000 el cerebro humano sería más inteligente. Actualmente, las evidencias científicas no están a favor de esta afirmación. Diferentes validaciones de los niños actuales indican que la inteligencia no es superior a los niños de hace 40 años. No obstante que los niños de esta generación saben utilizar computadoras, jugar en línea con una tableta, comunicarse inmediatamente a otros países por internet y hablar más de un idioma, su cerebro resuelve tareas semejantes a como lo hacían nuestros abuelos. Sin embargo, es de llamar la atención que los niños y adolescentes del día de hoy tienen la poca inclinación a realizar tareas matemáticas, les resultan complicadas asociaciones geográficas con la historia y resolver preguntas básicas de lógica. Más nos conviene agilizar también la mente de nuestros hijos supervisando lo que ven en redes sociales y ayudando a que tengan más actividad física.

¡Moverse es fundamental para el cerebro!

Hacer ejercicio, caminar, movernos, pensar rápido ayuda a recibir más oxígeno al organismo, agiliza la actividad muscular, regula mejor la presión arterial, favorece la actividad inmunológica e incluso ayuda a tomar mejores decisiones. Tener dinamismo en el día activa redes neuronales, se modifica positivamente la neuroquímica cerebral, se sonríe más, se adapta más rápido a un problema e incluso la tristeza suele pasar más rápido y sobre todo vivir puede ser un placer. Un cerebro con metabolismo activo favorece la salud mental.

Tal vez no podamos detener algunos cambios del cerebro consecuencia de un nivel evolutivo, pero se puede aprender a cuidarlo mejor. Leer, abrazar, manifestar nuestros sentimientos, ver fotografías, dormir adecuadamente, una sana actividad de ejercicio corporal de 30 minutos al día, dos tazas de café diariamente y sobre todo, sabernos parte de una familia, núcleo social, hacen que nuestro cerebro pueda estar mejor en la senectud.

10 cosas interesantes de tu crebero

1. El cerebro tiene 100 mil millones de neuronas al nacer. Después de los 40 años de edad, diariamente el cerebro pierde en promedio de 20 000 a 50 000 neuronas.

2. El 90% de la sangre cerebral es reemplazada cada 5 segundos.

3. El cerebro de 1.4 kg recibe 1 litro de sangre por minuto, esto significa que el cerebro recibe 7 veces más aporte sanguíneo en relación proporcional a su peso.

4. El cerebro captura 60 mg de glucosa por minuto.

5. La reserva cerebral de glucosa es de 2 gramos, por lo que puede subsistir 90 minutos sin glucosa antes de tener un daño irreversible.

6. El cerebro produce líquido cefalorraquídeo, el cual puede intercambiarse hasta seis veces al día.

7. Una temperatura mayor a 42°C genera coma, aumento de consumo de oxígeno, lentitud de actividad neuronal y lesión cerebral irreversible. Una temperatura menor a de 26°C produce inconsciencia.

8. Una sola neurona puede tener de 50 000 a 70 000 sinapsis (contacto con otras neuronas).

9. Entre los 20 y 30 años de edad se cuantifican los niveles máximos de neurotransmisores en el cerebro, y después comienza a disminuir su concentración.

10. El envejecimiento bioquímico cerebral es la disminución de concentraciones de neurotransmisores como GABA, catecolaminas, acetilcolina y dopamina. Cambia el comportamiento, la vigilia, el sueño y las emociones positivas, nos hacemos más asertivos y mejores analistas de nuestra vida.

EL CEREBRO Y LAS MENTIRAS

"¡Te juro que yo no fui!". "Sólo me comí una…". "Al cabo que ni quería ir". "Te voy a querer toda la vida…". "¡No, no, no te ves gorda!". "La última y nos vamos". "¡Ya voy para allá!".

Hay de mentiras a mentiras, la blancas o simples que no lastiman que pretenden defender, o las que buscan sacar ventaja social y pueden disolver sociedades o relaciones.

¿Cuántas mentiras decimos todos los días? Eso depende nuestro entorno social (casa, escuela, oficina), actividad que realicemos (estudiante, empleado, ama de casa) y edad (los niños y jóvenes mienten más). En promedio nuestro cerebro puede decir de 20 a 80 mentiras al día. Por definición, una mentira de acuerdo al Diccionario de la Lengua Española es la manifestación falsa y contraria a lo que se sabe, se cree o se piensa.

El hecho de mentir indica que pensamos, analizamos y obtenemos una ganancia secundaria de nuestro acto. Nuestro cerebro no se arriesga a mentir en forma gratuita. Siempre que mentimos obtenemos algo a cambio: un beneficio que nos salva, nos reduce tensión, salva de un castigo a alguien o nos pone frente a la oportunidad de ganar algo.

Mentir estimula la actividad cerebral

Mentir activa varias áreas cerebrales que a su vez se expresan a través de la conducta, el análisis de información, la memoria y la proyección de nuestra atención. Por lo que, el cerebro mentiroso incrementa su metabolismo (consumo de oxígeno y glucosa) entre un 5 y 10% durante el proceso de elaborar, decir y mantener una mentira.

Al decir una mentira se incrementa la llegada de sangre a la corteza prefrontal ventro-lateral, giro del cíngulo, corteza temporal y parte del sistema límbico, en especial el área tegmental ventral, núcleo accumbens y amígdala cerebral. En otras palabras, el cerebro al mentir trata de ser inteligente, lo hace a través de áreas que proyectan planeación y memoria, sin embargo, también genera emociones y expectativa: decir y soportar una mentira se acompaña de lógica e ingenio asociada a emociones que pueden acelerar nuestro corazón y respiración. Sin embargo, al activar zonas emotivas, permite identificar que también mentir nos hace irracionales a corto plazo.

Las redes neuronales que mienten son las mismas que se involucran en conductas antisociales y pueden generar adicción. Un mentiroso al saber que puede ser descubierto incrementa adrenalina, por lo que cada vez planifica mejor las mentiras y evalúa más rápido el alcance de los resultados. De esta manera el cerebro puede involucrar contenidos falsos, quien miente puede decirlos y mantenerlos, con el tiempo puede desensibilizarse o disminuir la culpa de su contenido afectivo-conductual, adaptarse a perder los límites de decirlos para obtener recompensas o sentir la necesidad de decir más para generar emoción y placer.

La neuroquímica de la mentira

Los neurotransmisores involucrados en el proceso son muchos y se pueden separar de acuerdo con el curso temporal, decirle a alguien: ¡te ves superbien! o ¡qué rica te quedó la comida!, sabiendo que esto no es cierto, incrementa neurotransmisores en el cerebro como glutamato, GABA y dopamina, esto nos hace poner atención en la mirada y palabras inmediatas como respuesta a quien le mentimos. Gradualmente nos abraza la emoción, esto se debe a que incrementa la liberación de noradrenalina y serotonina. Si la mentira continúa, el proceso recluta neurotransmisiones asociadas al aprendizaje como acetilcolina y puede involucrar el procesamiento de factores de crecimiento neuronal, que pueden activar genes neuronales para formar proteínas para mejorar conexiones sinápticas.

La mentira tiene un componente social

Mentir es un proceso que inicialmente es de interacción personal (proceso eólatra) o que puede favorecer colectivamente a otros individuos (proceso de construcción social), decir una mentira tiene como objetivo inicial obtener, promover o adquirir condiciones de confort, de alimentación, asociadas a la sexualidad, de protección, de placer.

La aparición del lenguaje en nuestros primeros años de vida hizo que la comprensión y análisis del lenguaje oral y escrito sea el responsable de conseguir ventajas para mantener a nuestra especie. Hay evidencia de mentiras en los animales, las cuales no tienen las mismos significados y elaboración que la de los humanos, sin embargo, el engaño es un recurso que utilizan algunos mamíferos para conseguir objetivos.

Nos mentimos: el autoengaño cerebral

La experiencia de mentir puede también estar relacionada con borrar errores de nuestra vida mantenidos en archivos que se ubican en el hipocampo y la corteza frontal. La reacción ante este evento es en cuestión de 1 a 5 segundos, por lo que al recordar un error, éste procesa información que evita volver a realizar un acto que evoque culpa o vergüenza.

La paradoja es que entre más errores cometemos podemos hacernos más mentirosos para evitar las consecuencias desagradables. Por esta razón, la corteza prefrontal adapta los límites y premia lo efusivo. Es decir, tenemos el sustrato biológico para disfrutar la vida, aun a expensas de otros, pero socialmente tenemos los controladores para que a su vez el cerebro sepa leer y adaptar nuestras conductas. Esto lo aprendemos en el transcurso de la vida para hacernos sociables y adaptarnos a leyes que en ocasiones contravienen para lo que el cerebro esta mejor adaptado: obedecer a expensas de nuestro placer; entender el orden a pesar de nuestros deseos. Una mentira leve, el cerebro la olvida y la atenúa. Una mentira de gran contenido o de la cual depende estatus, economía, condiciones laborales o relaciones interpersonales, hace que el cerebro elabore relaciones de memoria y respuestas lógicas, por lo cual, en ocasiones se generan "lapsus" los cuales son los momentos de mayor análisis de la información.

Evidencias de la mentira en el cuerpo

Decir una mentira genera una respuesta fisiológica corporal inmediata a partir de los 3.5 segundos que la decimos, que se traduce en algunos cambios: existe una discreta sudoración en la frente y en el labio superior, la transpiración corporal aumenta, la frecuencia cardiaca se acelera y la respiración se hace profunda y rápida, la activación vascular puede cambiar la coloración de la piel de la cara. Se presenta un incremento en los niveles de glucosa y ácidos grasos libres, la tensión arterial aumenta y la producción de saliva disminuye. Esta respuesta es directamente proporcional al significado de la mentira, no es lo mismo aceptar que se sabe que "no existen los reyes magos" a decirle a alguien que "acepto que te soy infiel con la mejor de tus amigas".

Es precisamente la respuesta adrenérgica la que el polígrafo o detector de mentiras resuelve. Ante preguntas dirigidas y respuestas que se saben se valora el grado de contenido, la elaboración de la mentira y su expresión fisiológica.

El individuo que miente en forma exitosa es, en la mayoría de las veces, un individuo inteligente: tiene un coeficiente intelectual alto; es decir, saber decir y mantener el contenido de una mentira no es de gente tonta. Sin embargo, mantener la mentira es un proceso que demanda tiempo y elaboración de estrategias. Es un proceso que puede agotar física y mentalmente, pero que se compensa con la obtención de recompensas.

El decir mentiras puede llevar a una conducta que se acerque a trastornos de la personalidad: los mitómanos creen sus mentiras, las comparten, las mantienen y viven a través de ellas. Los compulsivos, los depresivos o aquellos que tienen trastorno limítrofe de la personalidad asocian el ocultar la realidad con un proceso normal y justificado.

Datos para entender la mentira en nuestra vida:

1. Todos hemos mentido alguna vez en la vida.
2. Las personas honestas o que siempre buscan la verdad son comúnmente segregadas de fiestas o reuniones sociales.
3. Las redes sociales nos han hecho más mentirosos. El 70% de los avatares e información relacionada a edad, peso y estado civil son falsos en Facebook y Twitter.
4. Estando feliz se acepta más fácil una mentira y se perdona. Estando triste o molesto se discute más ante el lenguaje de un mentiroso.
5. Hay personas que mienten y ¡no lo saben! La criptomnesia nos hace decir cosas como si nos hubieran sucedido y que nunca nos pasaron. Es un plagio de información.
6. Pagamos para que nos mientan: el cine, el teatro, las novelas son mentiras actuadas, las cuales nos ayudan a disminuir tensión y elegir el castigo a los malos o trasgresores, el cerebro acepta esto bien para quitarnos el estrés.
7. Llorar aminora la sensación de castigo a un mentiroso. Perdonamos más si el embustero pide perdón a través de las lágrimas.
8. Si se detecta una falsedad entre varias personas, suelen proponerse castigos más severos para el mentiroso. Solemos ser peores jueces entre varios veredictos.
9. Leer cuentos de niños, escuchar el final y sus metáforas, son mentiras que de adulto ayudan a elaborar

juicios mejores de entre lo bueno y lo malo. Los cuentos infantiles pueden ayudar a entender mejor la vida.

10. Las mujeres mienten más para agradar a su pareja (prefieren ser felices a tener la razón). Los varones mienten más para aparentar más y sentirse superiores (suelen preferir tener la razón a ser felices).

LAS NEURONAS GPS DE NUESTRO CEREBRO NOS UBICAN Y EVITAN PERDERNOS

¿Sabías que si conoces a detalle un camino es casi imposible perder la ubicación? ¿Que solemos asociar elementos a los lados de una ruta para no perdernos y que esto da certidumbre y disminuye la ansiedad por sentirnos vulnerables en un sitio no conocido?

Ir de un punto a otro en nuestra cotidianidad es algo tan simple que no reflexionamos que lo realizamos por una maravilla del cerebro: ubicarnos, aprender a través de esto para evitar perdernos y realizar planes para hacernos eficientes al ahorrar tiempo trazando caminos para tomar mejores decisiones, es decir, orientarnos mejor.

Nuestro cerebro cuenta con un GPS interno (sistema de posicionamiento global, por sus siglas en inglés), el cual crece en la medida de nuestras experiencias y madura en relación a la edad. El hipocampo es un área cerebral con la que memorizamos, aprendemos y otorgamos certidumbre a la atención cotidiana. En esta misma estructura cerebral tenemos neuronas que activan o incrementan su función cuando requerimos ubicarnos geográficamente, estas células orientan y coordinan el conocimiento de paredes, espacios, profundidad, color y contrastes que permiten decirnos si es el camino adecuado o estamos pasando por el mismo sitio varias veces. Es decir, quien hace los mapas espaciales con detalles en nuestro cerebro es el hipocampo. Cada vez que pensamos en el camino que vamos a tomar al trabajo, al cine o al antro, células del hipocampo especializadas se asocian de tal manera que permiten coordenadas de activación, que realizan una navegación virtual de nuestro futuro camino, proponiendo las mejores alternativas posibles. Es decir, no sólo vemos, además analizamos posibles alternativas cuando nos atrapa el tráfico vehicular o el metro se detiene por mucho tiempo y tenemos que llegar a la cita o al trabajo.

Desafortunadamente, estas neuronas del hipocampo suelen perderse en la enfermedad de Alzheimer, dando por sentado que lo primero que se olvida en la demencia senil es el camino de regreso a casa. Conocer estas neuronas, su función, es importante en el proceso de aprender y reconocer nuestra ubicación pero también tiene un impacto farmacológico futuro, para procurar, atender y saber si existe mejoría en el tratamiento médico de las personas con Alzheimer.

El premio nobel de medicina 2014 fue otorgado al campo de las Neurociencias, en reconocimiento a la línea de investigación de los doctores May Britt y Eduard Moser en Noruega en colaboración con su maestro John O'Keefe en EUA, quienes desde hace 40 años han investigado cómo el cerebro puede ubicarse en el espacio y posicionarse geográficamente en el área en la que caminamos. Todos estos doctores tienen en común estancias posdoctorales en Europa y una historia de trabajo intensa estudiando como los mamíferos utilizan su cerebro para ubicarse y no perderse.

LA CONTAMINACIÓN AMBIENTAL DEL AIRE GENERA NEUROTOXICIDAD EN ESTRUCTURAS CEREBRALES

La exposición a contaminantes del aire ambiental, especialmente material particulado (PM), contribuye al aumento de riesgo de diversos trastornos neurológicos.

Partículas contaminantes finas ambientales con diámetros aerodinámicos <2.5µm, generadas por los procesos de combustión, han sido reconocidas como riesgosas para la salud cardiovascular, respiratoria y neurológica.

En el estudio "Ambient Air Pollution and Neurotoxicity on Brain Structure: Evidence from Women's Health Initiative Memory Study" publicado en Ann of Neurology, se señala: que la exposición a la contaminación del aire puede acelerar el envejecimiento del cerebro. Esta publicación fue un estudio prospectivo en 1403 mujeres sin demencia residentes en EUA (New England / New York), realizado entre 1996-1998 y culminado entre 2005 y 2006. A estas mujeres de entre 65 a 89 años se les midió el volumen cerebral con resonancia magnética. En el estudio se descartaron las covariables: como el tabaquismo, la actividad física, presión arterial, índice de masa corporal, la educación y los ingresos económicos.

El incremento de 3.49 microgramos/cm^3 de exposición acumulativa a los contaminantes se asoció con una disminución de 6.2 cm^3 de sustancia blanca cerebral, lo cual equivale a uno a dos años de envejecimiento del cerebro.

El cerebro es vulnerable a los efectos de partículas suspendidas: estos contaminantes tiene un efecto directo en el deterioro cognitivo y el envejecimiento cerebral acelerado.

Las partículas suspendidas contaminantes disminuyen el flujo sanguíneo cerebral y el aporte de oxígeno de la sangre a las neuronas.

La exposición a partículas suspendidas tiene un efecto significativamente negativo en el cerebro: un menor volumen de sustancia blanca pero no de sustancia gris: es decir, se modifica la morfología de las neuronas y su velocidad de conducción, pero no el número de células del cerebro. Esto se identifica en personas expuestas a contaminantes, independientemente de la demografía, el estatus socioeconómico, el estilo de vida y características clínicas, incluyendo factores de riesgo cardiovascular o diabetes.

Las regiones del cerebro más dañadas por los contaminantes son: los lóbulos frontal, parietal, temporal y el cuerpo calloso.

La mala calidad del aire tiene consecuencias en los cerebros seniles con mayor impacto negativo comparado con los cerebros jóvenes. Sin embargo, las partículas suspendidas contaminantes pueden ser biomarcadores de envejecimiento acelerado del cerebro. En estudios de autopsia, fueron mayores los cambios cerebrales de cadáveres de niños y adultos jóvenes que vivieron en las zonas urbanas con altos niveles de contaminantes (se asocian con volúmenes cerebrales más pequeños).

Las lesiones cerebrales pueden ser consecuencia de cambios en la producción de la mielina, transporte axonal, lesiones inmunológicas por incremento en la producción de interleucinas que agreden a la mielina de las neuronas (la mielina es un recubrimiento de las neuronas, su disminución las hace vulnerables a lesiones y disminuye su función de conducción de información). Es decir, el proceso puede deberse a una neuroinflamación causada por los contaminantes ambiental, lo cual deja en claro que los cerebros seniles son los más vulnerables.

De acuerdo con estudios realizados en México, se estima que el riesgo de morir prematuramente se incrementa en 2% por cada incremento de 10 µg/m³ de PM10. La combinación de partículas suspendidas y óxidos de azufre tienen un efecto en la salud sinérgico.

Partículas suspendidas de diámetro inferior a 2.5 micras: aerosoles, partículas de combustión, vapores de compuestos orgánicos condensados y metales.

Partículas suspendidas de diámetro mayores a 2.5 micras: polvo, tierra depósitos.

LA VOZ HUMANA: IMPORTANTE EN LA CONSTRUCCIÓN DEL TEJIDO SOCIAL Y LA ELECCIÓN DE LA PAREJA

La voz humana es capaz de estimular al cerebro más allá de lo que nos podemos imaginar. Después de la semana 32 de gestación, la voz de la madre en el feto produce una estimulación lo suficientemente fuerte para generar conexiones neuronales, este estímulo es fundamental para preparar la última parte de la maduración cerebral prenatal de los humanos. Asimismo, las hormonas que se tienen desde antes de nacer tienen un papel fundamental para el desarrollo de un cerebro: los estrógenos, hormonas sexuales femeninas, incrementan el contacto sináptico en diversas áreas del cerebro, principalmente la corteza cerebral y el hipocampo. Es decir, antes del nacimiento, las niñas tienen una mejor conexión neuronal comparada con la de los varones, aspecto que se mantendrá así por muchos años (este evento deja de ser diferente hasta la menopausia). No obstante, esta diferencia de conexión neuronal no es mayor al 30%. Este proceso se ve favorecido por la estimulación verbal al bebé antes y después de nacer. Por lo anterior, la voz de la madre tiene una inducción de plasticidad neuronal.

Después de nacer, la voz humana genera los primeros fenómenos de memoria en nuestra vida. Durante el proceso de maduración de la vista, la voz de los familiares que cuidan al bebé es fundamental para la integración de las vías auditivas y áreas del cerebro que se especializarán en esta función. La asociación de voz con la figura humana que la emite es un proceso crítico en el desarrollo de los humanos. Estudios de resonancia magnética muestran que las voces de los hermanos, tíos, abuelos y los padres son reconocidas por el niño con mayor impacto y velocidad: nos tardamos entre 300 a 600 milisegundos en reconocer una voz y asociarla con la persona que nos habla, es decir, desde muy pequeños los humanos en menos de un segundo sabemos quién emitió la voz y qué emoción se genera a través de este estímulo. Esto indica que la voz humana genera en el cerebro un principio de identidad social. La voz familiar de nuestra infancia nos tranquiliza, nos emociona positivamente.

La adolescencia está caracterizada por cambios hormonales en ambos sexos. La influencia de las hormonas prepara al futuro joven como individuo capaz de reproducirse, esta etapa se caracteriza por el interés en el sexo opuesto, por la búsqueda de agradar a la futura pareja. La voz tiene una función en la atracción. Los varones tienen niveles elevados de varias hormonas androgénicas: testosterona, dihidrotestosterona y DHEA. Esto hace que además de que se incremente la masa muscular y ósea en el los jóvenes, la cuerdas bucales engrosan de una manera proporcional a los niveles de andrógenos circulantes. Los huesos maxilares se calcifican con mayor proporción, la quijada se hace prominente en el varón y el grosor de la lengua es mayor, esto genera una voz gruesa, profunda y con características de tonos altos, con resonancia. Las mujeres se sienten atraídas por una voz fuerte y gruesa. La testosterona hace su función de atracción a través de la voz.

Las mujeres representan una mayor complejidad en el estudio neurofisiológico de la emisión de la voz humana y en la interpretación de la misma. Los estrógenos favorecen la emisión de una voz aguda, de tonos bajos. Los músculos de la fonación faríngeos en la mujer son de menor tamaño y fuerza. En consecuencia, un estado hormonal estrogénico hace una voz femenina aguda, agradable al cerebro masculino. Tres estudios científicos muestran que la mujer antes de ovular, lo cual coincide con niveles altos de estrógenos, genera una voz melosa, tendiente a ser de aguda a grave en frecuencias rápidas, en otras palabras, el estado hormonal previo a la ovulación, fase en la que es fértil, la voz femenina atrae al hombre, ayuda a la elección de la pareja y el apareamiento. Esta fase coincide con una sensación de satisfacción, competitividad y toma de decisiones de latencia corta en la mujer; el hecho de sentirse bonita y atractiva por sus hormonas se refleja en su piel, en sus labios y en su pelo, la mujer luce un esplendor justo antes de la ovulación, todo esto coincide con la emisión de una voz atractiva: un imán para los varones. Los estrógenos inducen un estado afectivo y de apareamiento de la mujer y su voz refleja este estado. Después de la ovulación, los niveles de estrógenos se reducen, los niveles de otras hormonas como la progesterona se incrementan. Esta hormona tiene un efecto reductor de la actividad cerebral: induce el sueño, relaja los músculos, incluso reduce la presión arterial. Ésta es la hormona del embarazo, motivo por el cual, la mujer reduce su apetito sexual. La voz femenina reduce su atractivo al hombre en esta etapa del ciclo. Evidencias científicas previas indican que los varones reducen la atención durante una charla con una mujer si ella está cerca de menstruar. Es una de las razones por la cual, las esposas o parejas femeninas se quejan de la poca atención que manifiesta el varón. Incluso, entre mujeres puede llegar a realizarse este evento: dos mujeres en estado previo a la ovulación compiten por la atención del varón; identifican entre ellas este código. Antes de la menstruación, las mismas mujeres muestran un desinterés por la misma actividad, la voz puede identificarse como irritable entre ellas.

En la última etapa de nuestra vida, nuestra voz pierde tono (después de los 50 años). La mujer pierde los cambios cíclicos hormonales (menopausia) y el varón ha reducido a casi un tercio los niveles de sus andrógenos. Es interesante que el cerebro pierda capacidad de reconocer e interpretar algunas emociones a través de la voz. La tristeza, el miedo la sorpresa y la felicidad disminuyen en su reconocimiento. Sólo la voz del enojo y una voz a disgusto será siempre reconocida por nuestro cerebro.

¿Qué regiones del cerebro se activan con la voz humana? La corteza cerebral frontal, la temporal, la insular. Estructuras límbicas como la amígdala cerebral y el hipocampo. La secuencia de actividad entre ellas da una categorización interna y una asociación o búsqueda de representación de la voz. Al escuchar la voz humana, nuestro cerebro procura asociar el timbre de voz con la cara de una persona (conocida o imaginaria). Los ojos humanos buscan en un interlocutor el movimiento y gestos de sus ojos (mirada) asociado con el movimiento de los labios. Estamos siempre en la búsqueda de la emoción que transmite la voz. Una pobre asociación de nuestro cerebro ante una voz implica repetir o solicitar varias veces la voz, hasta dejar satisfecho a las estructuras cerebrales del género, edad y tipo de persona que la emitió. Es por ello que la voz se convierte en una estrategia mercadotécnica y multiasociativa: el cerebro busca predecir con sus estrategias al propietario de una voz.

HORMONAS, CEREBRO Y CONDUCTA

6:00 horas

¿Por qué despertamos del sueño profundo? Por efecto del cortisol, activamos la sustancia reticular ascendente, disminuye de la anandamida, incrementa la histamina y activa el hipotálamo.

¿Qué órgano del cerebro cambia los impulsos nerviosos en información hormonal? El hipotálamo, el cual es discretamente más grande en el varón. Tiene centro reguladores para el hambre, sed, saciedad, conducta sexual, movimiento intestinal, cardiaco, presión arterial. Lleva a cabo los ciclos circadiano (luz/oscuridad).

El hipotálamo regula la actividad de la hipófisis, que está debajo de él.

La hipófisis es la glándula maestra del organismo. Junto con los páncreas, adrenales, tiroides y gónadas, son las principales glándulas del cuerpo.

6:40 horas

Los rayos de sol (o la luz del foco de tu cuarto) incrementan los niveles de serotonina e inhiben la liberación de melatonina. Nos activan, ¡hora de salir de la cama!

Después de levantarte tenemos en promedio de 20 a 40 minutos sin ganas de comer, gradualmente, vamos teniendo hambre por disminución de nuestros niveles de glucosa (80-100 mg/dl), el hipotálamo libera orexinas y tenemos ¡hambre!, los niveles de glucagón aumentan para evitar una hipoglucemia severa. Los niveles de cortisol fisiológico liberado por las adrenales disminuyeron.

¿El baño? Te bañas por acción sinérgica de tu corteza cerebral y ganglios basales, sabes también en donde están las llaves del agua y el jabón, no es necesario poner atención, puedes pensar en otras cosas al mismo tiempo. El agua caliente libera más TRH y hormona tiroidea, una mayor liberación de neurotransmisores está asegurada por esta ducha; el placer del baño se debe a la dopamina liberada en el sistema de recompensa cerebral.

6:50 horas

El sistema límbico ¡pide comer!, y ¡puede enojarse si no desayunamos!, es especial la amígdala cerebral que recibe información del nervio vago (ruidos gástricos y movimientos intestinales). Se libera más TRH, para que a su vez se libere hormona tiroidea para activar el metabolismo, la acetilcolina propicia un mejor movimiento intestinal y a nivel del hipocampo nos permite recordar y asociar la hora de salida.

Tomar alimentos con las características de los lácteos es majestuoso para el intestino, nos da placer —el cerebro recuerda la primera infancia, existe una comunicación entre estómago y cerebro a través de gastrina, adiponectina y reducción de orexinas. Los niveles de glucosa regresan a 90 mg/dl por efecto también de la insulina, la glucosa llega a todo el cuerpo y sonreímos con neuronas espejo. Un abrazo, un caricia, una sonrisa, hacen que se libere oxitocina, la conducta de apego inicia y se mantiene con un beso en la casa. Corre porque llegamos tarde a la oficina otra vez. El giro del cíngulo etiqueta con emoción el beso de despedida de un ser querido, la serotonina se incrementa, al menos no salimos tristes de casa si alguien nos acaricia y nos da un beso; la oxitocina reduce el estrés. La oxitocina permite una remodelación neuronal de hipotálamo; a más afectos, generamos un mejor hipotálamo.

7:00 horas

La espera del autobús (metro) y el tráfico nos hace impacientarnos. Los niveles de adrenalina inician a elevarse, el sistema límbico se activa. La pupila se dilata, los músculos se tensan, es fácil caer en provocaciones, la amígdala se vuelve a activar, pero ahora somos competitivos, agresivos, listos para correr. La temperatura aumenta, los niveles de hormona tiroidea nos hacen sentirnos con calor.

8:00 horas

Llegar a la oficina, después de correr y el calor, nos hace sentir sed, el hipotálamo reacciona, necesitamos agua. Sin saberlo, bebemos casi 500 ml, 20 minutos después la osmolaridad plasmática ha sido detectada por el hipotálamo (290-300 mOsm/l), liberamos vasopresina, hormona también llamada antidiurética. El riñón tiene receptores para esta hormona, por ello, al liberarse, generamos una mayor filtración renal, el resultado: orinar para liberar la vejiga; no orinar nos pone nerviosos, nos quita atención, nos genera una respuesta del sistema nervioso simpático; es tanta la necesidad, que la presión arterial aumenta y sudamos. Por fin, realizar la micción (ahora se activa el parasimpático) permite liberar la orina, la vejiga se relaja, el hipotálamo detecta esto y nos tranquiliza físicamente. Entre más te tardes en ir al baño más se reducen los aspectos inteligentes cerebrales.

13:00 horas

El estómago está vacío (estuvo con comida ¡sólo 4 h!), las orexinas y glucagón vuelven a elevarse, hambre de medio día, la cual es mayor, y evidentemente se acompaña de una mayor actividad cortical para obtener un alimento. La corteza cerebral libera glutamato y GABA, proponiendo poner atención en lo necesario, pero entre más hambre hay, menos atención se pone. Comer genera placer. La dopamina se incrementa, bebemos agua, disminuimos la osmolaridad. El intestino libera gastrina, secretina, colecistocinina, PIV. El resultado: digestión, HCl, nos da ¡sueño! La marea alcalina se presenta, y al mismo tiempo se genera el reflejo gastrocólico: por eso es necesario evacuar después de comer. Los intestinos tienen en ese momento tanta vascularidad y el pH sanguíneo se hace alcalino, por lo que el cerebro tiene el reflejo de disminuir su flujo sanguíneo. Conductualmente hay una mezcla de placer, sueño y calma. El picante de la comida (chile) con la capsacicina genera liberación de endorfinas, placer asegurado: entre más picante, el cerebro responde con más endorfina, más placer. Comer te incrementa la liberación de hormona calcitonina, más si comes una buena fuente de calcio.

16:00 horas

El trabajo de la oficina nos genera cansancio. Nuestra atención dura de 20 a 30 min, necesitamos reírnos para romper ciclos. Movernos para no aburrirnos. Una adecuada red social nos permite liberar oxitocina, sentirnos parte de un equipo o un grupo. Los apegos al grupo, a la empresa, nos hacen solidarios, reactivos a las necesidades de nuestros compañeros. Un fuerte apretón de manos, una palmada en la espalda, ¡un bien hecho! garantizan la solidaridad y un buen ambiente de trabajo. Tan fácil y tan lejos en algunos trabajos. Las bromas, las risas permiten una mejor condición para este efecto.

18:00 horas

Los varones tienen grandes niveles de testosterona y DHEA, lo cual modula el incremento de la actividad neuronal cortical, deseo sexual, conductas agresivas y toma de decisiones inmediatas. Si la empleada que saca copias en el segundo piso sigue llegando a la oficina con minifalda, seguro que te acercarás al día siguiente a preguntarle su teléfono; ver a una mujer hermosa moviendo sus caderas incrementa los niveles de testosterona a largo plazo. Es necesario tener en consideración que ella tiene fama de cambios fuertes de carácter: efectivamente, si ella tiene estrógenos elevados, nos llama más la atención, sus labios son mar turgentes y rojos y es más sexi, los estrógenos activan las neuronas, permiten una liberación de dopamina y serotonina. Sin embargo, después de ovular, es lábil emocionalmente, y llora mucho porque la progesterona incrementa al sistema inhibidor del cerebro, el GABA. Te enteras que su novio es cinta negra, ni modo, su vasopresina es alta (porque el cromosoma Y tiene el RS334 expresado, lo hace celoso y posesivo). El plan no es bueno.

Te alejas, porque sabes indirectamente que su nivel de testosterona del grandulón es mayor al tuyo.

22:00 horas

Pretendes dormir. Ver la televisión o el teléfono en cama reduce el sueño: la luz disminuye la liberación de melatonina. No obstante, al apagar la luz, el cansancio te gana, la anandamida se libera, se reduce la liberación de histamina, el GABA se incrementa, las orexinas se reducen, el metabolismo cerebral se reduce. En la noches estás listo para liberar hormona de crecimiento, que repara tejidos, cicatrización y genera una mejor piel que repara epitelios. Dormir mejor entre las 00:00 y las 03:00 am te permite soñar, tener memoria y descansar. A las 05:00 am inicia el día, liberando nuevamente cortisol. El inicio de un nuevo día.

CAPÍTULO 4

Hombres y mujeres: cerebros diferentes

Cuando se forma el cerebro humano (5ª semana de gestación) tiene la misma capacidad para desarrollarse como femenino o masculino. La testosterona cambia esta relación, haciendo cerebros masculinos, más pesados y menos conectados. La primera estructura en ser diferente entre un hombre y una mujer es el hipotálamo. El segundo periodo crítico para reorganizar la sexualidad en el cerebro es en la pubertad. Prostaglandinas permiten hacer al cerebro masculino, activan las células denominadas microglía, generando cambios de conexión neuronal. El primer cambio molecular para cambiar el sexo cerebral es metilar el ADN, cambiando la información genética. 70 genes son importantes para el sexo del cerebro. Además, el cerebro no se diferencia al mismo tiempo, los varones tardan más en madurar y formar nuevas conexiones neuronales. Hay más cerebros femeninos (mosaicismo) que masculinos: los varones solemos tener cerebros más parecidos entre sí.

Cuando se analiza la cotidianeidad de algunas conductas, entre la mujer y el varón: los compromisos, la elección de prioridades, la forma de divertirse y la forma de expresarlo. Estas diferencias estriban en la anatomía y la fisiología del cerebro. Aunque ambos cerebros, el del hombre y el de la mujer, en proporción tienen un semejante número de neuronas la conexión de algunos núcleos cerebrales es más grande y rápida en el cerebro de las mujeres.

Al hablar de las diferencias cerebrales entre hombres y mujeres es importante indicar que ellas tienen un mejor cerebro para adaptarse a las prioridades, sin embargo, cuando desarrollan una enfermedad neurológica como Alzheimer, Parkinson, autismo, depresión, ansiedad o alguna adicción, el impacto es mucho mayor que en los varones. Es importante indicar que estas diferencias no son para indicar quien es mejor, si la mujer o el varón, o a través de ellas proponer que las diferencias del genero implican un punto importante para buscar diferencias mal encaminadas; por biología y herencia, el hombre y mujer tienen cerebros complementarios.

Desde el punto de vista genético, las mujeres tienen mayor información en su ADN, pues el cromosoma X tiene 1344 genes de los 30 mil del mapa genético, y el pequeño cromosoma Y de los hombres, sólo 45. Estudios recientes señalan que entre las semanas 9 a 16 de gestación se presenta un fenómeno relacionado con la testosterona que es fundamental para desarrollar un cerebro masculino o femenino en un feto. A partir de ese momento, un cerebro cambia, desde antes de nacer y será así para toda la vida.

Cerebro de mujer

Con relación a las diferencias anatómicas, las mujeres tienen mayor densidad cortical en algunas estructuras, específicamente en las cortezas prefrontal, temporal y parietal: todas las estructuras cerebrales relacionadas con cognición, memoria asociativa y lógica son más grandes en ellas.

En el cerebro de las mujeres, las áreas de emisión y del entendimiento del idioma tiene una mejor conexión neuronal, esto explica en parte por qué una mujer desarrolla más temprano el lenguaje, hablan más palabras en la cotidianeidad e interpretan la intensión de las palabras con más intensidad que los varones.

El hipocampo, estructura cerebral importante para la memoria y el aprendizaje, es 25% más grande en el cerebro de las mujeres. Ellas recuerdan con más detalles y asocian memorias con más énfasis.

El cerebro femenino tiene una mayor conexión entre ambos hemisferios, las fibras que conectan el cerebro derecho con el izquierdo son 30% más abundantes comparadas con el encéfalo del hombre. Es decir, la mujer puede pensar con dos hemisferios cerebrales en forma más exitosa y rápida comparada con el cerebro masculino. También las mujeres tienen 20 por ciento más grande la corteza del giro del cíngulo, estructura del cerebro que está relacionada con el procesamiento del dolor, tanto físico como moral y las conductas asociadas al sentir dolor, esto explica por qué ellas al decirles "¡ya no te quiero!" pueden expresar una sensación de dolor y expresar sus emociones con mayor intencionalidad.

La parte del cerebro que se encuentra por arriba de los ojos, el lóbulo frontal es la región en la que se encuentra las funciones cerebrales superiores: análisis, proyección, procedimientos exitosos pero también las experiencias desagradables y los recuerdos no gratos. Es decir, los frenos sociales, la inteligencia y los métodos para elaborar nuestra vida con éxito se encuentran en la región de la frente de nuestra cabeza. Esa parte del cerebro es la última en formarse y conectarse en la vida.

Las mujeres tienen la capacidad de madurar más rápido su corteza prefrontal, es decir, ellas tienen mejor establecidos los frenos sociales y el entendimiento de pareja a edades más tempranas. Esto obedece a una extraordinaria relación entre hormonas femeninas y conexiones neuronales. Los estrógenos, hormonas femeninas, además de todas sus funciones corporales, permiten una mayor conectividad cerebral y por ende, inducen una madurez más rápida.

En otras palabras la intensidad, provocación y entendimiento de muchas conductas de la vida también puede llegar a ser distinta en ambos sexos. Por ejemplo, mientras que el hombre se enamora predominantemente con un hemisferio cerebral, procesa información en forma lenta, los detalles no son tan importantes y las palabras no fluyen con la intencionalidad que las mujeres suelen esperar, el cerebro de la mujer es más rápido, eficiente e intenso para enamorarse, refleja la expresión de entendimiento de reforzamientos positivos y mayor evocación de cambios neuroquímicos que provocan más emociones. Memorizan con mayor eficiencia fechas, caras o detalles. Su madurez cerebral suele hacerlas más asertivas.

Cerebro de hombre

Por su parte, los hombres tienen una mayor densidad de neuronas en estructuras cerebrales como la amígdala cerebral, el tálamo (tienen mayor control motor) y el hipotálamo, el cual es 15% más grande que el de las mujeres y se relaciona con el hecho de que tengan una mayor proclividad de conductas relacionadas a la actividad sexual.

La amígdala cerebral, estructura importante en la toma de decisiones, impulsividad y generadora de conductas violentas, es más grande y con mayor número de neuronas en el cerebro de los varones. La amígdala cerebral depende muchos de los procedimientos inmediatos, para el varón, los razonamientos congruentes son más rápidos, ellos "prácticamente explotan en ira" ante una adversidad sostenida y en procesamientos de retener a las personas sin tener mucha congruencia lógica. Ésta es una de las explicaciones de por qué la ira termina en ocasiones en violencia.

Sin llegar a determinismos sociales o anatómico-funcionales, la mayoría de los hombres y las mujeres suelen expresar en forma distinta muchas conductas, ellos suelen ser de pocas palabras, entendimiento inmediato y práctico. Ellas son intensas en la expresión de su lenguaje, emotividad y forma de hablar. Ellas tienen ventajas anatómicas cerebrales para hacerlo. Entender estas diferencias implica un compromiso con la pareja: ser mejores a través de este conocimiento.

¿Por qué habla más el cerebro de las mujeres?

Las historias son semejantes en la mayoría de los casos: muchos problemas de pareja se inician con discusiones simples, los varones suelen quedarse callados, o con un vocabulario corto, semienmudecido pero a la vez eficaz y práctico. Monosílabos utilizados por parte de ellos que integran toda lo que quieren o no quieren decir, aparecen palabras que inician el enfado: no, nada, todo, como quieras, si... no sé. Es común que en la siguiente fase de discusión ellos prefieran tener la razón y ellas seleccionen modular la voz, negociar y procurar el entendimiento, a veces con resultados exitosos, en otros, con el enojo y la frustración de no saberse entendida o al menos no recoger la opinión, el apoyo y la solidaridad que buscaban desde el inicio.

Una explicación desde el punto de vista de las Neurociencias

El cerebro femenino tiene mayor conectividad en áreas preparadas para aprender un idioma, tienen más eficacia neuronal para decir palabras y entender la modulación del lenguaje (prosodia). Para el lenguaje escrito, hablado y corporal, las mujeres son más eficientes, pueden entenderlo, interpretarlo y proyectarlo mejor. En un día, un hombre promedio puede pronunciar no más de 15 000 palabras, en contraste una mujer puede hablar entre 25 000 a 32 000 palabras.

El contraste de la madurez del lenguaje, la asimetría de utilidad de frases llenas de adjetivos y la utilización cotidiana de las palabras descriptivas entre el cerebro masculino y femenino es semejante en todas las culturas.

Existen muchos procesos que explican por qué ellas hablan más y comprenden mejor el idioma. Si bien, los aspectos psicológicos y sociales son importantes, el proceso cerebral-hormonal es el que impera. El cerebro humano se forma en la semana 3 a 9 del embarazo, desde ese momento, si el bebé es mujer, las hormonas femeninas como los estrógenos tienen un factor maravilloso de inducción de conexión, ajustes y poda de varios grupos neuronales y áreas del cerebro que en futuras etapas serán críticas para favorecer la adquisición del lenguaje. En consecuencia, en forma maravillosa, el sustrato para hablar se inicia incluso antes de nacer y modulado por hormonas.

El área de Broca y Wernicke

Hablar y entender las palabras activan principalmente el cerebro izquierdo: el área de Broca (ubicada en el lóbulo cerebral frontal inferior izquierda) y el área de Wernicke (situada en el área temporal izquierda), esto los sabemos después de distintos estudios anatómicos y de imagen cerebral. Al nacer, estas áreas inician un proceso de conexión dinámica e irreversible: escuchar palabras, asociadas a la modulación de la voz y aprender a partir de ellas, asociarlas a eventos tangibles y retroalimentarse del mundo, es el inicio para aprender a hablar.

El humano utiliza al área de Broca para entonar palabras, la rapidez de las frases, la fuerza de la comunicación e incluso la insinuación del idioma se da por la activación de esta área. Entender las palabras, interpretarlas y asociarlas a la memoria es la responsabilidad del área de Wernicke.

Las niñas tienen estrógenos que ayudan a comunicar aún más las áreas de Broca y de Wernicke, estas hormonas femeninas favorecen el crecimiento de áreas relacionadas con la memoria, como el hipocampo (25% mayor en la mujeres) a la vez que fomentan la mayor conexión entre los hemisferios cerebrales izquierdo y derecho. Los estrógenos incrementan el puente de conexión interhemisférica, es decir, las mujeres tienen una mejor conexión cerebral ya que en promedio la estructura que une a los hemisferios cerebrales llamado cuerpo calloso es 30% más grande en el cerebro de ellas.

En la evolución del lenguaje es común ver que niñas entre 3 a 5 años tienen un vocabulario más extenso que los niños varones de la misma edad. En la pubertad, este proceso se hace más evidente, los ciclos menstruales detonan un segundo evento irreversible de modificación en la conexión neuronal. Un cerebro adolescente femenino se va a capacitar a capturar el lenguaje con mayor eficiencia. Si bien es cierto que las áreas de Broca y Wernicke en hombres y mujeres son semejantes en tamaño, el cerebro de la mujer tiene mayor arborización y conexión, es decir, son más funcionales y dinámicas.

¿Y para qué habla más una mujer?

Un estudio científico reciente publicado por Xu (2014) describe que la diferencia lingüística de género es fundamental en el mantenimiento de las relaciones humanas. Las mujeres procesan textos, los asocian más a su vida, les generan emociones y estructuran en menor tiempo en comparación con los varones. Es decir que el hecho de que ellas hablen más y entiendan mejor es fundamental para que sean más empáticas, pueden ponerse en el lugar del otro ante un problema y sean más sensibles a las explicaciones. Nuestra cotidianidad depende en mucho de cómo las mujeres explican las cosas y entienden los problemas. Un negociador hábil sabe que a una mujer es necesario darle una mejor descripción de las cosas. Una mujer que recibe quejas, suele ser más empática y desarrolla una mejor elucidación y compromiso ante un problema, en su trabajo por ejemplo.

El grupo de Liederman generalizó (Arch Sex Behav. 42:2, 2013) que el hecho que las mujeres piensan más palabras y tardan más en decirlas comparadas con los varones, es la razón por la cual ellas tienen más ventajas al reclamar o discutir cuando saben los argumentos. Sin embargo, hay que recordar que cuando ellas se enojan, liberan más dopamina en su cerebro y por ello este proceso se limita; ante estrés, tensión o enojo se bloque más fácilmente la articulación de las palabras. Saber esto por parte de los varones es una ventaja. Una de las muchas razones por la cuales un varón suele quedarse con la pareja son los argumentos de ella: el proceso de empatía, apego y negociación depende más de ellas que de los varones.

Finalmente, esto tiene implicaciones económicas en la cotidianidad, en un estudio realizado durante 18 meses (Aledavood, PLoS ONE 10:9; 2015), se identificó que las mujeres realizan más llamadas por teléfono celular que lo hombres durante la tarde-noche. Este proceso se incrementa, cuando existe una relación personal. El campo de las neurociencias les otorga por primera vez la razón a las mujeres, son ellas la que hablan más cuando la relación ya existe, en contraste, los varones son los que más llaman más antes de iniciar un noviazgo.

Las mujeres cuentan con un oído mejor desarrollado, un cerebelo mejor conectado, áreas para una mejor memoria e interpretación lingüística y una capacidad de modular su neuroquímica cerebral por periodos mensuales. Las mujeres en promedio a partir de los 11 años y hasta los 50 años incrementan sus estrógenos durante 15 días en los ciclos menstruales, este impacto hormonal siempre es positivo en la vida cognitiva femenina. Saber que están capacitadas para hablar mejor debe ser un complemento para los varones, no una desventaja.

EL CEREBRO FEMENINO: SUPERIORIDAD ANATÓMICA Y FISIOLÓGICA SOBRE EL CEREBRO MASCULINO

Desde el punto de vista genético, las mujeres son más fuertes, pues, como antes apunte, el cromosoma X tiene 1344 genes de los 30 mil del mapa genético y el Y de los hombres sólo 45. Y desde el anatómico, debido a la mayor densidad cortical, son más grandes todas las estructuras cerebrales relacionadas con cognición, memoria asosciativa y lógica son más grandes en ellas.

Cerebro de mujer: mejor memoria asociativa

El hipocampo es "el índice de nuestra vida", pues es una de las estructuras relacionadas con la memoria y el aprendizaje, y es hasta 25% más grande en las mujeres, lo que indica que, por pura anatomía, ellas cuentan con mayor capacidad de memoria. También tienen 20% más grande la corteza del cíngulo, relacionada con el procesamiento del dolor físico y moral.

Ellas hablan más

La densidad de neuronas en las áreas de Broca y Wernicke son más grande en la mujer que en el hombre, por eso hablan más, entienden más, gesticulan más e interpretan más: Todas esas diferencias impactan directamente en la conducta, en la forma de convivir y de interaccionar.

El estrés agudo inhibe al cerebro femenino

Por otro lado, la adaptación al estrés es distinta, pues mientras el cerebro masculino es capaz de aprender bajo esa condición porque aumenta el número de espinas dendríticas cuando es adulto, en el femenino disminuye y, por lo tanto, el estrés es más caótico y tiene peores consecuencias.

Neuroquímica distinta: ellas, más sensibles y explosivas.

La dopamina es la que da la magia en el cerebro, la depuración de la misma es más tardada en el cerebro femenino, por ello, la mujer tarda en recuperarse cuando se termina una relación, por ejemplo tras una relación de pareja que duró tres años, él tarda 28 días en regresar a la dopamina basal, mientras que ella hasta tres meses. Ésta es una situación que nos hace diferentes en cuanto a la motivación y al concebir una relación interpersonal.

La oxitocina es la hormona del apego, la cual está más presente en las mujeres que en los hombres: Nacemos por oxitocina, nos amamantan con ella, es el vínculo afectivo entre la madre y el hijo, y cuando crecemos nos abraza la familia. Si una persona logra que otra tenga oxitocina con ella, difícilmente se irá de su lado, porque las personas se van porque no hay apego.

Las últimas evidencias se refieren a los cambios electroencefalográficos en el cerebro: las mujeres inducen más rápido el sueño, pero se despiertan más rápido; tienen más ensoñaciones, pero también cortan más rápido sus ciclos de sueño, y tienen más insomnio que los hombres, porque se adaptan más rápido.

Los cerebros femeninos no tienen más neuronas, sino que están mejor conectados; sin embargo, el hecho de que tengan estructuras más grandes, como el área tegmental ventral, explica por qué enfermedades como el Parkinson son más agresivas en ellas; aunque esa área también es responsable de que sus orgasmos sean más duraderos (de 13 a 14 segundos) que los de los hombres (de 6 a 7 segundos). Además, el cuerpo calloso es 30% más grande en el cerebro de la mujer, el cual se encarga de conectar los hemisferios izquierdo y derecho.

¿Qué es más grande en el cerebro de los hombres?

Por su parte, los hombres tienen una mayor densidad de neuronas en estructuras corticales como la amígdala cerebral, el tálamo (tienen mayor control motor) y el hipotálamo, el cual es 15% más grande que el de las mujeres y se relaciona con el hecho de que sean más promiscuos, más infieles, más generadores de mayor actividad sexual y más visuales. No obstante, más allá de que los hombres tienen el hipotálamo más grande, esos comportamientos se explican porque generan más vasopresina y están mejor adaptados a la liberación de la misma, que no sólo responde a una condición hormonal, sino también a nivel del sistema nervioso central.

De la amígdala cerebral dependen muchos de los procedimientos inmediatos; es necesario considerar que existe una mayor actividad para la mujer y otra que trabaja mejor para el hombre, pues la izquierda trabaja más rápido en la mujer, por eso sus razonamientos lógicos y congruentes son más rápidos, mientras que ellos prácticamente explotan en ira y sus procesamientos guardan poca congruencia lógica.

CEREBRO DE MUJER O CEREBRO DE HOMBRE: ¿CUÁL ES MÁS EFICIENTE AL PENSAR?

En 1975, el grupo dirigido por Max Coltheart anotaba en la revista *Nature* las diferencias sexuales en la resolución de dos problemas. En el test acústico los voluntarios masculinos y femeninos debían contar todas las letras del alfabeto cuya pronunciación incluyese una letra E, como por ejemplo B, C, D, E, F, G. En el mismo test de los mismos sujetos debían contar las mayúsculas con algún rasgo curvo; por ejemplo, B, C, D, G. con la condición determinante, a saber, que los participantes no podían ni pronunciar en voz alta ni escribir las letras.

Se demostró que un número bastante superior de mujeres realizó el test acústico correctamente; en cambio, el problema espacial del test de formas fue resuelto de manera satisfactoria por una cifra mayor de varones.

La doctora Doreen Kimura, de la Universidad Simon Fraser, en el 2002 demostró que la mujer en general, supera al hombre en pruebas relacionados con capacidades verbales, mientras que el varón le gana en los problemas espaciales. Pero no hay regla sin excepción; en cierto problema espacial las mujeres vencen con claridad: cuando se trata de recordar la ubicación de los objetos, una tarea habitual en los juegos de memoria.

Está comprobado estadísticamente que los varones superan a las mujeres en lanzamientos de puntería, como los dardos, así como en la recepción o desvío de objetos. En dichos ejercicios, el cerebro debe coordinar la información sobre la ubicación del objetivo con los datos sobre la dirección y velocidad de los movimientos de manos, brazos y tronco.

Las mujeres, en cambio, brillan en los ejercicios donde importan movimientos gráciles y sutiles. Pueden controlar la musculatura de sus dedos y manos con mayor rapidez y precisión, así como desarrollar mejor los movimientos de recorridos complejos. Se ha demostrado por vía experimental que esta diferencia no guarda relación con el tamaño de la mano y otros parámetros semejantes; la ventaja femenina se basa en características distintivas de su cerebro.

Si el cerebro de la mujer es entre un 10% menos pesado que el del hombre, ¿cuáles son las bases neurobiológicas que sustentan estas diferencias? Las neurociencias han demostrado que los cerebros de las mujeres:

1. Tienen mayor conexión entre sus neuronas debido a los estrógenos, hormonas que son netamente femeninas.
2. El cuerpo calloso es 30% más grande en las mujeres.
3. El hipocampo de las mujeres es hasta 25% más grande.
4. Las áreas de entendimiento (Wernicke) y motora del lenguaje (Broca) son mayores en la mujer.
5. La amígdala cerebral en las mujeres es más eficiente en su actividad, hasta un 80%.
6. Áreas subcorticales como el área tegmental ventral es mayor en la mujer hasta en un 60%.
7. La corteza insular y cingular en las mujeres son más grandes.
8. En el caso de los varones, el tálamo es más grande, particularmente las áreas relacionadas con la síntesis de vasopresina.

Sin tratar de indicar qué cerebro es mejor de acuerdo al género, es evidente que ambos cerebros son complementarios en las tareas cotidianas: el varón está diseñado para ser práctico, inmediato y visual. El de la mujer es organizado, diseñado para hablar, coordinar, recordar y administrar.

El cerebro de los varones pesa en promedio 1350 g, el de las mujeres 1250 g. Aunque menos pesado, ellas tienen mejor conexión y mayor modulación hormonal.

Las mujeres tienen mayor capacidad de adaptación para sobrevivir en las crisis de enfermedades o sociales debido a la composición de su mapa genético.

CAPÍTULO 5

Emociones en el cerebro

LA EXPRESIÓN DE LA CARA, LA AMÍGDALA CEREBRAL Y LA VIOLENCIA

La violencia tiene muchos factores inductores. No es válido indicar una sola causa como determinante de los procesos violentos humanos. Existen datos causales sociales, culturales y por supuesto biológicos. Aquí pretendemos analizar un solo proceso cerebral de tan inquietante factor en la vida del ser humano.

Vernos a la cara: un proceso de convivencia social

La expresión de las emociones en la cara tiene una función social importante: facilita la interacción social. Esta capacidad depende de la conexión de determinadas estructuras cerebrales tanto de quien expresa la emoción como de quien la detecta; para este proceso es muy importante la experiencia emocional de los primeros días de vida. Estudios recientes en el campo de las neurociencias indican que el periodo perinatal, cuando el ambiente ejerce un fuerte impacto en la maduración y función de estructuras cerebrales, es importante para el aprendizaje de la lectura de la emoción; un segundo periodo es antes de la adolescencia, entre los 8 y 11 años.

La importancia de los primeros días de vida

En la vida diaria, estructuras neuronales independientes de la experiencia orientan la atención sobre determinados aspectos de la cara de quien nos habla, de quien frente a nosotros se comunica con gestos o nos pone atención. Los niños se exponen desde su nacimiento a complejas experiencias de afectividad que, además, son muy similares interculturalmente. Durante la adolescencia se produce una gran inestabilidad emocional que tiene su explicación: los jóvenes tienen un cerebro que aún se está conectando y creciendo, pero en el cual están modulando las hormonas sexuales.

Anatomía cerebral del proceso emotivo

Hasta hace poco tiempo se conocía que, en lo general, la percepción de enojo o violencia en la expresión facial de quien está frente a nosotros activa preferentemente estructuras del nuestro hemisferio cerebral derecho, mientras que la percepción de sonrisas y mimos activan al lado izquierdo del nuestro cerebro.

En la actualidad, sabemos que el proceso de activación cerebral de las emociones es más complicado. Las técnicas de neuroimagen han permitido entender cómo funciona el cerebro durante el procesamiento de una expresión facial. Se ha identificado que la alegría la detecta la amígdala cerebral, la corteza cíngulada anterior derecha y el giro fusiforme izquierdo. En contraste, reconocer la ira es el resultado de la activación de la amígdala cerebral, la ínsula izquierda y el giro inferior occipital derecho.

La importancia de la amígdala cerebral en la cotidianeidad

La amígdala cerebral está involucrada en el reconocimiento de la mayoría de las emociones básicas. Esta estructura pasa de tener un volumen de $1.7 \, cm^3$ a los 8 años, a $2.3 \, cm^3$ a los 18 años, es decir, que en 10 años esta estructura cerebral crece un 40%. La amígdala, como otras estructuras cerebrales, tiene un periodo sensible en su desarrollo, con una alta variabilidad en su volumen, que puede verse especialmente afectada por la experiencia, como se ha comprobado en algunos estudios donde niños que pasaron por situaciones adversas a la edad de 10-11 años manifestaban diferencias en el desarrollo y conexión de la amígdala cerebral derecha.

La violencia y la amígdala cerebral

Las experiencias agresivas, violentas o de abandono en la infancia, durante el periodo de formación y conexión de la amígdala cerebral pueden causar que una persona tenga una percepción de las emociones errónea o cambie su sensibilidad ante posibles peligros o riesgos.

Sabemos que un proceso normal es la activación de la amígdala ante expresiones de tristeza, asimismo, que esta estructura cerebral toma decisiones emotivas cuando detecta también agresividad en la conducta de nuestro interlocutor, cuando observamos una expresión facial de ira. Sin embargo, una infancia expuesta a la agresión o maltrato puede inducir una errónea conexión de la amígdala cerebral, favoreciendo una inadecuada lectura de la violencia, generado un individuo proclive a la ira y una disminución de la sensibilidad a la expresión de la tristeza.

La simple exposición a videojuegos violentos a edades previas a la adolescencia produce desatención hacia las expresiones de alegría. Sin embargo, es necesario enfatizar que no es lo mismo una situación de violencia directa (condiciones de guerra o violencia callejera por ejemplo) que indirecta (videojuegos), ni es comparable el resultado de la violencia física (niños de la calle) a la psicológica (estrés social) en la vida adulta de las personas. Sin embargo, es necesario establecer que debemos ser sensibles y poner atención al ambiente que los niños tienen en su desarrollo cerebral y que estamos a tiempo de cambiar algunas cosas ante los marcos violentos cada vez más frecuentes, en la búsqueda de una mejor salud mental pública en un futuro no muy lejano: en verdad nos conviene cuidar a nuestros niños.

EMOCIONES COTIDIANAS EN EL CEREBRO: LOS GESTOS

La cara es la pantalla de la manifestación de las emociones. A través de los gestos pueden evaluarse características de la personalidad de quien nos hace el gesto, no obstante a que en muchos casos son interpretaciones del proceso, suelen existir señales de emociones en el rostro cuya evaluación puede ser universal en muchas culturas.

Indicamos nuestros pensamientos, intenciones y sentimientos con gestos y lenguaje corporal. La mitad de nuestra comunicación interpersonal en promedio es no verbal, cuando decimos que los gestos dicen más que mil palabras es porque existe una discrepancia entre la lógica de lo que vemos y lo que interpretamos.

Los ojos y su lenguaje

El cerebro interpreta el movimiento de los ojos, la mirada y la disminución de la apertura de los párpados de quien nos da una información. Lo hacemos con la amígdala cerebral, giro del cíngulo y corteza prefrontal. Un neonato no ve el rostro, ve los ojos; gradualmente aparece la cara del interlocutor en la vida del bebé, después y para siempre este proceso da interpretaciones de la conducta del nuestros interlocutores, será lo más común de nuestros días.

Los ojos transmiten información, sobre todo atención e interés. Más cuando las personas están muy cerca, la información de los ojos es fundamental.

Ante una sorpresa abrimos los párpados enseñando más el globo ocular, las pupilas se dilatan: es una señal de atención. Esto lo aprendimos a partir del tercer mes de vida, esto se hace para que entre más luz a los ojos, procurando entender mejor la realidad. La adrenalina y dopamina incrementan el metabolismo cerebral en menos de 3 segundos, favoreciendo la activación de algunos nervios craneales con lo que los ojos se sostienen en una posición, siguen con la mirada a las personas, primero por imitación y luego por atención, de esta manera los músculos frontales se desvían hacia arriba con sorpresa, miedo, o en el enojo en contraste, la contracción envía hacia abajo la piel. Estos procesos de los ojos tienen mucho de imitación, los niños lo copian y reproducen desde las primeras etapas de la infancia. Es un hecho que ha más emoción, más elevación de los párpados, la conducta se hace más expresiva y dura más.

Levantar las cejas varias veces es una señal amable de ausencia de tensión, ausencia de miedo. Una sonrisa que arruga la piel junto a los ojos es la que más libera dopamina en nuestro cerebro, y suele ser la más sincera.

Lo que dice el cuerpo

La gran mayoría de los movimientos de nuestro cuerpo al hablar es un proceso inconsciente. Muchos de nuestros movimientos son expresión de nuestra evolución como mamíferos, la gran mayoría de los movimientos de la mano al hablar pausadamente son suaves, pequeños, esto sugiere atención, énfasis de aprendizaje. En contraste, cuando hacemos movimientos bruscos como levantar rápidamente los brazos, cerrar el puño, señalar con un dedo, son señales que aprendimos con miedo. Tensamos los músculos, el tronco se inclina hacia delante, buscando incrementar nuestro volumen corporal: es una señal de ataque.

El miedo tiene una expresión corporal: movimientos suaves y actitud retraída, buscando huir.

Nuestro cerebro interpreta los movimientos corporales con la corteza temporal y el giro del cíngulo. Es decir, es un proceso que deja memoria pero que activa las zonas emotivas de nuestro cerebro, en forma interesante, el cerebro primero interpreta y después analiza la emoción de quien está frente a nosotros.

Ladear la cabeza es un proceso de incrementar la atención. Esto disminuye la tensión y permite enfatizar la curiosidad. Si hay sonrisa, ambos cerebros liberan dopamina y es el inicio de una seducción en nuestro cerebro, este proceso incrementa oxitocina, lo cual favorece la empatía y el apego de las personas.

Durante el enamoramiento, primero solemos poner atención en los ojos y gradualmente vamos poniendo más atención en el lenguaje corporal. Cuando el lenguaje corporal no corresponde con la expresión facial, de inmediato nuestro cerebro pone más atención en los movimientos del cuerpo.

En una discusión es común ver un signo de agresividad y poder: levantar la cara y proyectar la barbilla hacia el frente.

El gesto

Es necesario enfatizar que muchas de las interpretaciones de los gestos de otras personas dependen de nuestro estado de ánimo. No somos conscientes de lo que vemos, por lo que el control consciente de la emoción es el gesto: movimientos de la cara que asocian emociones positivas o negativas. Los gestos traducen rechazo, emociones, pensamientos o aceptación.

Es común que el cerebro interprete con lo que sabe y en el contexto social en que se hace un gesto. Los gestos se utilizan para tres propósitos: 1) describir un hecho; 2) transmitir sentimientos y 3) enfatizar una información. A diferencia de las reglas de un idioma que varían de uno a otro, los gestos tienen una gramática universal; un estudio reveló que cuando se pidió a diversas personas que contaran una historia común, los hispanohablantes iniciaron con sujeto seguido de verbo y predicado, los que hablan turco o ruso con el predicado, luego sujeto y finalmente el verbo. Sin embargo, cuando se les pidió que a través de gestos dieran la información, todos llevaron un mismo orden: sujeto, predicado y al final el verbo.

Existen pocos gestos universales, como la declaración de inocencia al extender los brazos con manos abiertas. O gesto de susto al bajar la mirada y llevarse las manos a la cara comúnmente tapándose la boca. O la de enojo, cuando se sostiene la mirada y se señala con el dedo. Levantar las manos y sonreír es una señal universal de júbilo y victoria, y finalmente juntar las yemas de los dedos sugiere precisión, congruencia y concentración, y comúnmente se utiliza para centrar atención.

El cerebro interpreta emociones como un proceso de actividad biológica pero con una constante retroalimentación psicológica y social en forma muy importante. No podemos interpretar lo que no conocemos, la cultura nos ayuda mucho a negociar socialmente con ello. Lo importante es que la próxima vez dediquemos un segundo a reflexionar cuánto nos dijeron las palabras y cuánto los gestos y el lenguaje corporal de quien nos brindó información.

LA PARADOJA NEURONAL DEL ENOJO
AL DISCUTIR Y LA FELICIDAD DE GANAR
UNA DISCUSIÓN

Las felicidades son cortas, es un error pensar que lo que hoy nos hace feliz, lo haga siempre de la misma forma. Las mismas redes neuronales que se activan en los momentos sublimes, de risa y emociones placenteras, son las mismas que se activan en el enojo, discusiones y furia. Estas emociones negativas, también con el tiempo se atenúan y se desensibilizan, es decir, tampoco podemos estar enojados por mucho tiempo y en la misma intensidad ya que el cerebro autolimita la emoción.

Las personas que más nos hacen felices, que amamos y queremos o tienen un lugar importante en nuestra vida son las que más pueden lastimarnos con una palabra, acción u omisión. Lo interesante de esto a nivel conductual y de estudios de procesos cerebrales es que: en el fondo el enojo y la felicidad comparten procesos fisiológicos y son parte de una misma conducta aunque con expresión emocional distinta, como lo indica Saarimäki H y colaboradores en una prestigiada investigación publicada en la revista Cerebral Cortex, en abril del 2015.

En la búsqueda para sentirnos mejor, a veces después de un momento incomodo, o al terminar una discusión que nos ponga en una posición social difícil o después de una crisis de enojo y de tener la necesidad de justicia, las áreas cerebrales límbicas se sobreactivan, generando un proceso que busque satisfacción o alegría inmediata, es decir, el cerebro después de enojarse busca sentirse feliz. Tal condición por demás contradictoria, puede sacarnos de un proceso ansioso, melancólico o depresivo.

> Las áreas cerebrales que generan felicidad son las mismas que inducen tristeza, culpa, enojo, vergüenza y frustración.

El orgullo, el enojo, la culpa y la vergüenza activan circuitos neuronales que nos hacen poner atención, generan conductas rápidas y poco razonadas, que buscan una recompensa inmediata, la cual, de obtenerse, genera felicidad. Es decir, cuando discutimos, cuando buscamos ganar una disputa, en realidad lo que está pidiendo el cerebro es ganar a costa de todo, lo que indica ser competitivo y, en caso de lograr el objetivo de triunfar sobre el oponente, generar satisfacción.

La secuencia de activación del cerebro: la corteza prefrontal modula la activación de la amígdala cerebral (que origina la emoción), la ínsula que identifica dolor, odio y aversión, activa al núcleo accumbens que libera dopamina, y el que exige el final feliz de todas las historias de nuestra vida. Esta secuencia de funcionalidad anatómica la generan el orgullo, la culpa y la vergüenza, que están atrás de todos los procesos de querer ganar o disminuir dolor. Este proceso lo aprende el cerebro desde la primera infancia, por eso estas emociones tienen en el fondo un proceso de aprendizaje: buscar siempre una recompensa, una ganancia secundaria en la adversidad.

Preocuparnos (un proceso de activación de atención anticipada a muy corto plazo) también activa esta sistema. Esto hace que el cerebro se sienta mejor cuando lo hace, disminuye su tensión y autofrustración. No es del todo malo enojarnos o preocuparnos por periodos cortos, nos hace competitivos. El problema radica en que si nos preocupamos por un problema o enojamos por más de 90 minutos, esto genera tensión que a su vez activa sistemas hormonales que pueden ser contraproducentes para el cerebro.

Cuando decimos lo siento, sabemos agradecer, o reconocemos la falta, en el cerebro se libera dopamina y serotonina, generando también relajamiento, bienestar y sensación de certidumbre. El giro del cíngulo interpreta mejor la emoción y procura mantener una adecuada definición del entorno. La corteza prefrontal aprende a sentirse feliz con esto. Cualquier explicación que se otorgue al porqué de nuestros problemas nos dejará más tranquilos, aunque sea una mentira.

> Debido a que al discutir se incrementa dopamina en el cerebro y activan regiones que procesa adicción, muchas personas inician el proceso de agresión para sentir placer. O una reconciliación puede ser motivante y maravillosa.

Otorgarnos una explicación de las cosas permite al cerebro entender a la emoción. Si vemos una cara (se activa la amígdala cerebral y los ganglios basales), sabemos qué emoción tiene la persona (activación del giro del cíngulo), la etiquetamos para nunca olvidarla (corteza prefrontal). Por eso, entre más conocemos las emociones, la corteza prefrontal disminuye la activación de la amígdala cerebral, controlando mejor las conductas emotivas. Ponemos más atención, evitamos generar tensión, esto garantiza un proceso de madurez cerebral para la contención de las emociones. Cuando el cerebro no entiende las emociones que ve, no puede etiquetarlas y esto genera sensaciones de miedo o enojo.

En una adecuada salud mental no se buscan emociones negativas para convivir. Si esto existe, la persona tiene algún trastorno de la personalidad. En la gran mayoría de nuestros problemas aprendemos a distinguir la falla, profundizamos en su conocimiento y nos capacitamos para una mejor forma de convivir. Entender la paradoja de enojarnos para buscar una ganancia secundaria para tratar de estar feliz o asociarlo a una recompensa es un proceso cotidiano; considerarlo después de un problema, disputa o discusión nos puede ayudar a comprender la causa del enojo y en ocasiones la razón de nuestras palabras hirientes.

LLORAR NOS HACE HUMANOS

Llorar es una protesta neuronal, asocia dolor, vulnerabilidad y a veces alegría. Es un mensaje que los humanos entendemos y solemos respetar. Un código de rendición. Suele decir más una lágrima que miles de palabras, el llanto humano, es una expresión de nuestro cerebro.

Llorar activa el metabolismo del cerebro

Normalmente, el cerebro necesita de un litro de sangre por minuto, el 25% del volumen que el corazón expulsa por latido. Cuando lloramos, el cerebro pide más sangre. Ninguna emoción (reír, enojarnos, asco, miedo, etcétera) exige un incremento del metabolismo cerebral. Cuando lloramos elevamos las necesidades de glucosa y oxígeno de la corteza cerebral y el sistema límbico hasta en un 32%, ésta es la explicación de que cuando lloramos incrementamos la respiración en el sollozo y nos cansamos. Por eso, es la única emoción que más rápido se autolimita, por lo que lloramos en episodios y no podemos mantener el gasto de energía al llorar con lágrimas, tensionados y carentes de lógica por más de 10 minutos. Después de llorar podemos dormir para procurar reparar la tensión. Además, después de llorar es posible tener hambre.

Llorar en la vida

Llorar es una de las conductas iniciales del cerebro. Es un proceso innato que evoluciona en los primeros meses de vida para asociar señales de alarma, dolor o hambre. Después, en forma gradual, llorar se convierte en una expresión emocional, que después de los 6 meses de vida, el cerebro aprende a manipular. El llanto es un requisito para el binomio madre-hijo. Sin él, el proceso de atención sería muy débil. Paradójicamente, los primates jóvenes (incluyendo el humano) que pierden contacto con la madre en la infancia reducen su capacidad de llanto como adultos.

El repertorio sonoro del llanto se divide en 2 procesos los cuales pueden ser variados en su acústica, pero generalmente son universales: el llanto de vocalizaciones cortas y el llanto de grandes inspiraciones-espiraciones. A cada persona la distingue su llanto, no hay llantos iguales. Asimismo, no lloramos de la misma forma nunca. Interviene el componente social y psicológico. La memoria y las asociaciones de diversos eventos cambian el detonante de nuestro llanto.

La fisiología del llanto

El ciclo biológico indica que llorar por la tarde es más relajante que antes de mediodía.

Llorar tiene un componente consciente y uno inconsciente. Este último es el que mantiene la emoción, inicia el reflejo de influjo de sangre al cerebro y procesa condicionamientos y reforzamientos, es decir, sin saberlo, aprendemos de lo malo, evitamos la culpa/vergüenza y procesamos conductas de defensa, la atención solemos llevarla al iniciador de nuestro llanto; nos tardamos 300 milisegundos en entender el contexto y sólo de 2 a 8 segundos en sacar de nuestros ojos las primeras lágrimas.

En cambio, el llanto consciente es razonado, acompañado de recuerdos y en muchos casos, es la catarsis de la tristeza o el proceso controlado de la emoción, podemos llorar cuando queremos, si el medio lo favorece, pero a través del proceso consciente también manejamos a nuestro favor ciertas condiciones sociales e incluso psicológicas.

Quien ve nuestro llanto, activa sus neuronas en espejo, disminuyendo su agresión, el enojo y enfado, activa más su hemisferio derecho. Comúnmente, si el agresor ve nuestras lágrimas, se tranquiliza, a su vez incrementa aún más la actividad neuronal para liberar oxitocina, la hormona del apego. Una adecuada salud mental, hace que una persona al ver llorar a otra procure ayudar o al menos respetar las causas de la tristeza. Los sociópatas, neuróticos u obsesivos/compulsivos no ven las señales del llanto y no paran en su agresión o violencia ante las lágrimas de sus víctimas.

Anatomía y neuroquímica del llanto

El llanto en el cerebro se inicia con un proceso de atención, activa el tallo cerebral, cerebelo, los núcleos de los pares craneales III, IV, V y VII, incrementa la función reticular ascendente, activa las amígdalas cerebrales, el hipotálamo, el hipocampo, la ínsula, el giro del cíngulo y finalmente la corteza cerebral temporal izquierda, en especial la corteza prefrontal.

Llorar tiene un componente neuroquímico cerebral: libera adrenalina, GABA, opioides, anandamida, vasopresina y oxitocina. Nos tranquiliza, pero bajo ciertas condiciones, el llanto y la tristeza pueden generar cierta adicción fisiológica que en ocasiones buscan una ganancia secundaria psicológica o social. Cuando asociamos llorar con dolor físico, el cerebro busca a través de las lágrimas disminuir la tensión otorgando el mensaje de vulnerabilidad.

Las hormonas femeninas, en especial los estrógenos, favorecen la actividad de la amígdala cerebral izquierda, por lo que hace más fuerte el llanto en el proceso de inspiración. La progesterona favorece el llanto cerca del ciclo menstrual, por lo que esta hormona las hace más vulnerables emocionalmente. En contraste, el llanto en los varones, al tener testosterona, disminuye su origen y su duración; a un varón joven suele costarle más tiempo parar de llorar.

Llorar es un proceso activo fisiológico, no es exclusivo de los seres humanos. Sin embargo, somos la única especie que asocia el llanto con la proyección de tristeza y modificar su actitud social. Relacionamos el llanto a dolor moral, con la pérdida irreconciliable y el abandono o ante el dolor físico. El cerebro humano asocia la aflicción y la emoción, la proyecta para reducir la amenaza. Llorar es una emoción que ayuda, inhibirlo puede asociar eventualmente trastornos emocionales. Llorar es una manifestación de vulnerabilidad, un código que bien interpretado, nos hace sentir humanos, para quien otorga el llanto y para quien interpreta las lágrimas.

EL ENOJO EN EL CEREBRO

El enojo y la pelea

El reloj despertador no sonó a la hora habitual, se te hace tarde ante un tráfico terrible. El auto que viene al lado intempestivamente se mete a tu carril y te rebasa, eres tú el que tiene que esperar en el crucero por un semáforo en rojo, de no ser por ese auto, tú ya habrías avanzado. Al llegar a tu trabajo te das cuenta que olvidaste los documentos a partir de los cuales se van a tomar decisiones sumamente importantes. Tú cerebro no soporta más, estallas, gritas, te sientes vulnerable y además crees que nadie entiende: estás enojado. El siguiente evento en serie es inmediato, se busca un culpable, puede iniciar una confrontación, se trata de encontrar una justificación: es muy fácil empezar una pelea.

¿Qué nos hace enojar?

Solemos enojarnos cuando nos sentimos engañados, excluidos, si somos agredidos emocional o físicamente, al sentir rechazo, cuando se nos acusa, al sentir una humillación, ante la frustración de no lograr lo deseado o no recibir lo que consideramos justo.

El enojo como reacción inmediata no es malo, nos hace competitivos, nos permite adaptarnos a las circunstancias y buscar alternativas. El problema es que enojarnos puede inducir decisiones inmediatas, discusiones banales, llevarnos a la impulsividad y a tomar riesgos innecesarios. En otras palabras a violentar nuestra cotidianidad. Cuando el enojo se repite continuamente, o es detonado por situaciones pequeñas, podemos convertirnos en agresivos crónicos, es así, que el enojo en nuestra vida atraerá solo consecuencias negativas.

¿Qué define el enojo?

El enojo es el cambio de ánimo que se caracteriza por la aparición de ira, irritabilidad o molestia, asociado a cambios cardiovasculares y respiratorios, los cuales procuran encontrar una solución inmediata, iniciar una discusión o huir de la condición real o imaginaria. El enojo es el iniciador de peleas físicas, verbales, psicológicas o sociales de las cuales, en su gran mayoría, nos arrepentimos a corto o mediano plazo.

Generalidades del enojo

La reacción del enojo puede ser mayor cuando entendemos que alguien trata de aprovecharse de una situación o se siente superior a nosotros. Pero también el enojo puede ser una condición para conseguir lo que se desea, una expresión de inmadurez psicológica ante una intolerancia al fracaso. Es el enojo una de las máscaras más comunes de la inseguridad, la molestia ante la demanda de situaciones nuevas o la expresión oculta de una autoestima lesionada.

El enojo es un saboteador de las mejores experiencias de la vida, disminuye el desempeño laboral, reduce la expresión de sentimientos en la familia y en el ámbito social. Enojarnos comúnmente condiciona resentimientos, favorece alejamientos personales y paradójicamente genera injusticias en la evaluación de los hechos, muchas veces puede hacer que personas inocentes sean agredidas, enjuiciadas o señaladas.

El cerebro enojado

El cerebro entiende en 300 milisegundos que algo no es correcto. Nos enojamos muy rápido sin saber cuánto tiempo vamos a durar con el resentimiento y las consecuencias de nuestra pelea. La corteza cerebral es el módulo más inteligente de nuestro cerebro, específicamente la corteza prefrontal la cual inhibe la actividad del sistema límbico. Todos los días, en el cerebro se da una lucha constante entre lo que queremos y lo que debemos hacer. El sistema límbico formado por la amígdala cerebral, hipotálamo, hipocampo, ganglios basales y giro del cíngulo son responsables de nuestros deseos, memorias, emociones, conductas y la toma de decisiones más arbitrarias que tenemos en la vida. Es la actividad límbica a través de la cual nos enamoramos, odiamos, deseamos y discutimos. La corteza cerebral tiene la función de controlar, tomar con madurez la experiencia de la vida y elegir las mejores decisiones, es el sitio anatómico en donde se encuentran las funciones cerebrales superiores: análisis matemático, objetivos de la vida, proyección del tiempo, lenguaje y comportamiento social.

Cuando nos enojamos el hipocampo recuerda, asocia y distingue lo que nos molesta, los ganglios basales brindan una información recurrente, haciéndonos tener pensamientos e ideas constantes y obsesivas, la amígdala cerebral genera la emoción, las malas palabras, la impulsividad y la gesticulación de la cara, es el sitio comando del enojo, la magnitud de nuestra ira depende directamente y en forma proporcional de la actividad de esta estructura. El giro del cíngulo interpreta la emoción, la cara y la proyección de la persona con la que estamos discutiendo. Si la actividad del cíngulo es muy grande, en una discusión podemos sentir emociones encontradas como dolor, náusea y proyección de emociones con quien estamos discutiendo. El hipotálamo se activa durante una discusión, cambiando la organización hormonal de nuestro cuerpo la cual se preparara para determinar si huimos o peleamos.

Una discusión fuerte genera un incremento de dopamina, noradrenalina y vasopresina en el sistema límbico, sustancias químicas que van a detonar una gran activación de la amígdala cerebral, hipotálamo e hipocampo pero al mismo tiempo tiene la función de disminuir selectivamente la función de la corteza prefrontal. Este proceso dura en promedio entre 25 y 30 minutos; por lo que enojarnos y perder los estribos tiene una ventana de tiempo no mayor a media hora, esto significa que el inicio de la discusión puede generar tanta irritación que nos quita la parte más inteligente del cerebro para dejarnos los módulos de emociones sin control. La consecuencia es decir groserías, reaccionar violentamente, provocar, elegir alternativas sin pensar en consecuencias, ser impulsivos e incluso terminar relaciones o proyectos de vida.

Después de 30 minutos, gradualmente la dopamina y noradrenalina disminuyen, permitiendo una mejor función de la corteza prefrontal, condicionando con esto que el coraje empieza a modificarse, vemos las cosas con otro énfasis, podemos analizar objetivamente los detalles, entramos en una fase del enfado en donde ahora sí es posible discutir de mejor forma, regresa nuestra inteligencia. Es en este momento que el cerebro se arrepiente de los hechos inmediatos, entendiendo que mucho de lo que se dijo en realidad no quería decirse, que el cambio de voz no era el adecuado, que la violencia estaba de más.

¿Mujer y hombre, nos enojamos diferente?

Procurando no generar determinismos y teniendo en cuenta la variabilidad humana, las neurociencias indican que existen diferencias anatómicas, funcionales y hormonales entre el cerebro del hombre y la mujer. Esto influye en la forma de expresar analizar y proyectar el enojo.

El cerebro de las mujeres anatómicamente tiene más grande el hipocampo, el giro del cíngulo, el cuerpo calloso y la corteza prefrontal: ellas discuten con mayor inteligencia, memoria y entendimiento de las emociones. Suelen enojarse por elementos puntuales, analizan por objetivos y generan soluciones a mediano plazo. Planean y proyectan soluciones futuras. Comúnmente ellas prefieren ser felices a tener la razón. En contraste el cerebro de los varones, tiene más grande la amígdala cerebral, algunos núcleos del hipotálamo, además de tener un hormona muy importante que los hace competitivos, dominadores y agresivos: la testosterona, en consecuencia sus enojos son más violentos, explosivos e irritables, físicamente expresan más su enojo con la expresión de su lenguaje corporal. Los hombres suelen enojarse más rápidamente pero también disminuir su ira en forma abrupta. Sus análisis comúnmente son más superficiales y procuran generar soluciones inmediatas ante un problema. Ellos en la mayoría de las peleas prefieren como resultado tener la razón a ser felices.

¿Cómo aprendemos a controlar la emoción del enojo?

En el transcurso de la vida aprendemos a controlar el enojo, las peleas y el manejo de las consecuencias de nuestros errores. Es común que en la adolescencia se acompañen las frustraciones con ataques de ira e irreflexión. Gradualmente en el proceso evolutivo de nuestra trascendencia en este mundo, el cerebro madura, las neuronas de la corteza prefrontal terminan su conexión a los 21 años en las mujeres y a los 26 en los varones. El sustrato inteligente lógico y congruente del cerebro madura más rápido en las mujeres que en los varones.

Una corteza prefrontal madura inhibe la activación de la amígdala cerebral y regula adecuadamente la información que otorga el hipocampo a otras estructuras del sistema límbico. Es el proceso que nos hace inteligentes, nos permite aprender de la experiencia. El cerebro está diseñado para que aprendamos más de las malas experiencias que de los aciertos. El cerebro pone más atención ante el dolor, ante el error y las circunstancias que consideramos ofensivas o displacenteras. Por lo anterior, la madurez cerebral que nos otorga la vida se asocia con los eventos que aprendemos para evitar repetir las malas experiencias.

Consecuencias en nuestro cuerpo de enojarnos

Las hormonas
Las consecuencias de enojarnos pueden ser terribles en el ámbito psicológico y social. Pero también pueden tener

consecuencias biológicas: muchas enfermedades crónico-degenerativas como la diabetes mellitus, el asma o la hipertensión pueden agravarse ante conflictos emocionales iniciados por el enojo o después de una discusión.

Después de una fuerte discusión el sistema inmunológico responde cambiando la producción de interleucina, sustancias químicas de las células que nos protegen contra los gérmenes, generando un estado de inflamación crónico generalizado. Evidencias recientes indican que se produce una gran cantidad de radicales libres, elementos que dañan a las membranas celulares, llevando a las células a un desgaste de grandes magnitudes, esto quiere decir que por cada enojo que tengamos podemos incrementar la magnitud de envejecimiento de muchas células de nuestro cuerpo, como las neuronas, el músculo cardíaco y células endocrinas.

Las hormonas en el cuerpo cambian, por ejemplo, los niveles de la hormona relacionada con el estrés, el cortisol, se incrementan significativamente en nuestro cuerpo, generando que la glucosa aumente en la sangre, este proceso puede ser bueno en forma inmediata porque el cerebro tendrá más combustible para pensar mejor, sin embargo, si el evento dura por mucho tiempo, puede generar estados de sobreactivación cerebral, lo que explica que en las noches no se pueda dormir o despertemos a las 3 am sin poder volver a conciliar el sueño. Asimismo el cortisol tiene efectos secundarios terribles cuando sus niveles duran altos por mucho tiempo, uno de los principales es la inmunosupresión o disminución de la actividad del sistema inmunológico, lo cual puede contribuir a adquirir enfermedades virales como la gripa, así como favorecer el crecimiento de bacterias y con ello predisponer a infecciones en las vías urinarias o cambios en la flora intestinal, lo cual puede producir la aparición de la inflamación del colon.

Otras hormonas como la adrenalina se incrementan durante el enojo generando cambios en la activación del corazón, por lo que este órgano maravilloso responde en forma proporcional a la magnitud de nuestra ira. Como consecuencia de un fuerte enojo, el corazón incrementa la frecuencia del latido y su fuerza de contracción, procurando bombear más sangre a todo el organismo para adaptar al cerebro a la discusión, favorecer más sangre a los pulmones y otorgar un mejor sustrato a los músculos por si es necesario salir corriendo ante un posible peligro. La presión arterial aumenta, ante tal magnitud, una fuerte discusión puede derivar en un desequilibrio del mantenimiento de la presión arterial o peor aún: un infarto.

¿Cómo controlar el enojo?

1. Ser objetivo: no todo debe resolverse en forma inmediata. No todo debe tomarse en forma personal.

2. Darse tiempo: salir a caminar, cambiar la atención. Procurar darse 30 minutos fuera del escenario del enojo y la pelea.

3. Saber dar prioridades: las soluciones son mejores y las negociaciones son más rápidas.

4. Estar en movimiento: quedarse en un solo lugar promueve ansiedad e incremento del enojo.

5. Sonreír más y preocuparse menos: los problemas tienen la subjetividad del momento, estos cambian en

el día, reír disminuye la tensión, ocuparse con un mejor ánimo y no preocuparse con tensión.

6. Evitar la rutina: procurar soluciones nuevas, alternativas y posibilidades no consideradas previamente, ayudan a disminuir el encono.

7. Solo si tu cerebro lo permite, procura ponerte en el lugar de quien te discute. El contexto de la pelea en muchas ocasiones es debido a que no se entienden los detalles.

8. Saber decir *no* a tiempo. Una adecuada exposición de hechos y la asertividad de nuestros actos disminuye el enojo.

9. Abrazar como contención: un abrazo sincero reduce la emoción de enojo. Disminuye la posibilidad de una discusión.

10. Otorga una explicación, a su tiempo, ésta puede cambiar, pero dará los argumentos sólidos de tu sentir.

EL SUFRIMIENTO Y EL CEREBRO

Sufrir de diferentes formas

La enfermedad crónica o muerte de un ser querido, una discusión, recuerdos de malas experiencias, perder dinero, un robo, se entienden, se aceptan. La separación de alguien que se ama y que aún vive, el cerebro a veces nunca lo entiende. Sufrimos de diferentes formas, lo expresamos de distintas maneras y puede ser una experiencia emocional para madurar. Por ejemplo, la separación definitiva de la pareja para el cerebro es un proceso de capacitación que ayuda a entender la presencia de la muerte en nuestra vida. Cada mala experiencia de la vida genera cambios químicos en el cerebro que otorgan el aprendizaje de cada lección que otorga la vida.

Qué define el sufrimiento

Sufrir significa sentir un daño, hacerlo presente. Lo entendemos por la conducta que acompaña a una pena, dolor o alejamiento. Si el sufrimiento es consciente se asocia a tristeza y ansiedad, pero si es inconsciente, sus datos son expresados por cansancio y falta de ánimo. Comúnmente el sufrimiento se acompaña de tres conductas: 1) ansiedad que disminuye con el llanto, 2) frustración que altera la autoestima y 3) disminución de la atención que altera la memoria.

Para no sufrir indiferencia y enojo

El duelo requiere de elaboración. Una pérdida material o emocional requiere de tiempo para aceptarse, en promedio, el tiempo que recomiendan las neurociencias, es un periodo menor a un año. Cuando en verdad se ama, la separación genera dolor, obsesión y desesperación. El sufrir por abandono es una herida narcisista que no se acepta. La indiferencia es una actitud defensiva que tiene el cerebro en contra del sufrimiento.

En el proceso de sufrir, el cerebro necesita de la emotividad que paradójicamente ayude a tomar consciencia: el enojo. El odio es un mecanismo de defensa ante la separación amorosa, los recuerdos dolorosos o la asociación de eventos trágicos.

El dolor emocional

La causa de nuestro sufrimiento puede estar presente y ser consciente, o en su defecto, representar una amenaza. En ambos casos, el cerebro busca limitar el sufrimiento, pero desafortunadamente conserva un elemento común: el agotamiento.

Para el cerebro es difícil llorar intensamente por más de ocho minutos consecutivos. El llanto demanda una elevada actividad a nivel de la corteza cerebral, esto incrementa el consumo de oxígeno y de glucosa; por eso, las lágrimas no se pueden mantener más allá de esos episodios: lloramos intensamente por tiempos cortos entre crisis emocionales entrecortados por periodos de silencio. Por tal magnitud, siempre después de llorar nos sentimos cansados o con sueño.

En la tristeza aguda de nuestro sufrimiento cambia nuestra respiración, se hace corta y superficial, el pensamiento es monotemático, obsesivo-constante y reverberante, así como la sensación de vulnerabilidad, constituyen los datos indicadores de que el cerebro se encuentra en fase de adaptación a la pena, ¡en verdad sufrimos! Ello implica respuestas del sistema nervioso autónomo cuya aparición resulta difícil de impedir: se inician las lágrimas, asociadas con una mirada hacia abajo, el deseo de evitar el dolor, así como procurar revertir el proceso para evitar más quebrantos y una idea obsesiva de dar una solución rápida al problema.

El sufrimiento se refleja en el cerebro

Las redes neuronales de nuestro cerebro generan diversos sentimientos, emociones y juicios. Más inteligencia del cerebro se relaciona a una mayor complejidad en la expresión de emociones. De esta manera la magnitud del sufrimiento está en relación a nuestra inteligencia, madurez cerebral y capacidad de memoria.

Estudios de resonancia magnética han permitido identificar anatómicamente las estructuras cerebrales involucradas en el proceso del sufrimiento: se activan secuencialmente el tálamo y la amígdala cerebral, ambos núcleos son rápidos en los procesos de identificación e interpretación de la causa del sufrimiento. Sin embargo, los ganglios basales, el hipocampo y el núcleo accumbens lo hacen con menor velocidad, aunque durante más tiempo, por ello el sufrimiento se hace constante y pierde objetividad.

El cerebro procesa al sufrimiento como una sensación de dolor ya que utiliza las mismas neuronas en su activación y emotividad. Resulta ilustrativo citar a propósito de lo anterior el caso de la corteza del giro del cíngulo y la insular, estructuras que incrementan su actividad cuando existe dolor en el cuerpo, por ejemplo, por una fractura o lesión muscular; en el sufrimiento estas áreas también se activan en respuesta al llanto intenso provocado por el dolor de perder a la pareja. Muchas personas refieren que recordar a la persona amada les genera dolor en el pecho. No nos rompen el corazón cuando nos dicen ya no te quiero, en realidad nos activan el giro del cíngulo y la ínsula.

La corteza prefrontal, el giro del cíngulo, la amígdala cerebral y el hipocampo determinan el estado emocional. El hipocampo le da al sufrimiento la memoria, la amígdala la emotividad, el giro del cíngulo las interpretaciones y la corteza prefrontal nos hace sociables. Son, por lo tanto, estas áreas cerebrales las responsables de controlar las emociones negativas y de dirigir la atención hacia la naturaleza transitoria de la experiencia. Tratamos de evitar el dolor procurando autocompasión y buscando la empatía hacia los demás.

La neuroquímica del sufrimiento

Ante un sufrimiento intenso, se modifica el estado neuroquímico del cerebro: la dopamina junto con la serotonina disminuyen de forma gradual y pueden mantenerse así por varias semanas. La adrenalina y el glutamato activan vías para reaccionar y alertar. El estado emocional está directamente asociado con ansiedad, depresión, miedo y cambios en la atención. El dolor ante un sufrimiento intenso se asemeja neuroquímicamente a lo que sucede por una desconexión o abstinencia de una droga: el cerebro busca la fuente química (dopamina y noradrenalina), pero no la encuentra; en consecuencia, busca encontrarla fácilmente en otros eventos como realizar compras excesivas que den sensación de control, buscar emoción por juegos de azar que le hagan ganar e incrementar su autoestima, disminuir el dolor del sufrimiento intentando con drogas o lo que puede resultar peor, generar la adicción a otras personas. Todos estos tienen en común incrementar la dopamina en el cerebro.

Así por ejemplo, el alcohol modifica el sufrimiento, amplificando sus causas y obsesionándose por el inicio de la crisis, unas copas producen emociones transitorias de felicidad que poco a poco, se convierten en olvidos y atenuación de la realidad, alargando, paradójicamente el sufrimiento.

Durante el sufrimiento agudo, el cerebro libera endorfinas buscando disminuir el dolor, sin embargo, estas sustancias generan placer como efectos secundarios. Otra paradoja neuroquímica terrible: mediante el proceso de sufrimiento se puede buscar dolor y mantenerlo para que, a través de ello, se pueda obtener placer.

¿Es bueno o malo sufrir?

El sufrimiento es una alerta emocional. A través de él se trata de revertir un evento negativo en nuestra vida. Se procura una adaptación selectiva, proceso que genera enseñanzas y, de manera eventual, fortalece psicológicamente. Sin embargo, es a través del sufrimiento que puede transitarse hacia trastornos de la personalidad tales como la depresión, las compulsiones o la psicosis. Sufrir puede ser la consecuencia de tragedias, malas decisiones o cerrar ciclos. Pero tiene la capacidad de dejar en el cerebro un aprendizaje que da mejores herramientas y experiencia para ser mejor. No es malo sufrir, el problema sería no aprender de la lección que se dio a través del sufrimiento.

¿ES BUENA LA SOLEDAD PARA EL CEREBRO?

Hoy conocemos que los solteros viven en promedio 10 años menos que un casado, es decir, convivir y estar en grupo fortalece las expectativas de vida. La soledad sí suele incrementar la expresión y agudiza la manifestación de enfermedades como la demencia senil, el cáncer de mama y las personas que viven solas son más vulnerables a enfermedades oportunistas como infecciones por virus.

Cuando somos niños nos dicen que no juguemos en el piso; que jugar con tierra es malo porque nos vamos a enfermar, que debemos ser muy pulcros y debemos lavarnos las manos cada vez que toquemos algo sucio; estudios prospectivos indican que hacer esto es una capacitación temprana del sistema inmunológico para protegernos mejor de adultos ante bacterias y posibles infecciones. Sin embargo, la soledad también influye en el sistema inmunológico, pero de forma negativa, disminuye la producción de sustancias que bloquean a los virus como los interferones, aunque pueden hacer procesos inflamatorios crónicos, como si estuviera en alerta constante pero con la compleja paradoja de tener hoyos por donde entran los virus.

El inicio y mantenimiento de muchos tipos de cáncer están asociados con procesos inmunológicos. También es ampliamente conocido que la depresión se incrementa si el sistema inmune disminuye.

Lo más nuevo —cuya nota hace una precisión excelente— es que los solteros-solitarios, "forever-alone" o aislados socialmente, suelen tener altos niveles de noradrenalina, un neurotransmisor/

hormona asociado a procesos de alerta, tensión y están predispuestos a la lucha o la huida. De modo, que los solteros suelen ser más vulnerables a infecciones. Parte del inicio del proceso de vulnerabilidad, de coartar su vida y su salud mental.

Asimismo, el cortisol, hormona del estrés pero al mismo tiempo en forma crónica disminuye la actividad inmunológica, es también un marcador de los solitarios. Esto indica que un soltero-solitario está más amenazado por los virus, ansiedad-depresión y evidentemente a un sistema inmunológico que tolera más la aparición de algunos tipos de cáncer, aunque suele provocar que las inflamaciones duren más tiempo.

La soledad no es buena para el cerebro: este proceso cambia su estado neuroquímico, suele asociarse a individuos paranoides, depresivos y con tendencias de baja tolerancia a la frustración. Queda de manifiesto que el proceso social sí puede influir en el contexto biológico, y esto sí es complicado cambiar.

LA ENVIDIA Y EL DESPRECIO
EN EL CEREBRO

Perros y chimpancés tienen graduación social de acuerdo a comparaciones; jilgueros y canarios de acuerdo a su canto; hasta los pollos tienen un orden de picoteo.

Los seres humanos nos estamos comparando continuamente, nuestro cerebro es una máquina de comparación.

Estas comparaciones nos dividen y nos generan malestar y a veces agresividad y conflictos. A los que tienen más o están más arriba en la jerarquía les envidiamos, y a los que tienen menos les despreciamos o sentimos incluso asco. Es muy difícil que los grupos y organizaciones funcionen sin una jerarquía. Incluso en las compañías más igualitarias los investigadores han encontrado jerarquías. Para el cerebro todo se relaciona con comparaciones y al final intenta dar algún consejo para superar este rasgo de nuestro diseño biológico.

Algunas cifras que reflejan que vivimos en una sociedad desigual: Los EUA es el país con mayor desigualdad económica entre todos los países desarrollados. Por ejemplo, los ingresos en los últimos 40 años han pasado de ser 24 veces el sueldo de un trabajador medio a ser 185 veces ese sueldo medio. La riqueza del 1% más rico de EUA ha aumentado un 120% en los últimos 30 años y la de la clase baja un 4%. Parece que a nivel global la desigualdad ha disminuido en el mundo. En EUA este problema lleva la connotación de que debido a la ética protestante del trabajo la gente cree que tiene lo que se merece, que si trabaja duro triunfará así que si eres pobre es tu culpa. A los pobres se les ve como incompetentes y se les culpa de su suerte por ser vagos, inmorales y estúpidos.

La envidia y el desprecio son emociones que nadie quiere tener, que no nos gusta reconocer, porque nos dejan mal y dan una mala imagen de nosotros mismos. La envidia revela nuestras carencias y el desprecio nuestra moral. Hay dos clases de envidia: la benigna y la maligna. Envidia benigna sería: "Me gustaría tener lo que tú tienes". En algunos idiomas como holandés, polaco o tailandés, existe una palabra para este tipo de envidia (*schadenfreude*) que denota emulación, inspiración y motivación para mejorar. La envidia maligna sería: "Me gustaría que no tuvieras lo que tienes". Evidentemente son las dos soluciones para igualar una diferencia cualquiera: o yo subo a tu nivel o te bajo a ti al mío. Luego está la emoción de la *schadenfreude* que es la alegría por la desgracia ajena y que ocurre cuando a alguien que envidiamos le salen las cosas mal.

El desprecio es más difícil de reconocer. Es algo comprobado que las personas de más estatus reciben mucha más atención que las de bajo. Va en el interés de los subordinados controlar lo que hacen los dominantes por lo que les pueda pasar. Sin embargo los dominantes no necesitan preocuparse de controlar a los débiles. De hecho, el silencio es la expresión más perfecta de desprecio. El desprecio es la ausencia de respeto, la falta de atención y la incapacidad de considerar al otro. Normalmente, somos menos conscientes cuando no hacemos caso o ignoramos a los que están por debajo de nosotros y nos duele mucho más la envidia que es más evidente para nosotros. Como los psicólogos son también personas, a ellos les ha interesado más la envidia y el desprecio, es por tanto una emoción mucho menos estudiada.

La imagen cerebral de la envidia y el desprecio

Un hallazgo impresionante es el siguiente. Hay una parte de nuestro cerebro que se activa cuando encontramos otra gente, especialmente cuando pensamos en sus sentimientos y pensamientos. Es la corteza prefrontal medial. Sin embargo, los grupos sociales que producen desprecio y asco (homeless, drogadictos, etcétera) no hacen que se nos encienda la corteza prefrontal medial. Es como si no les atribuyéramos una mente y no esperáramos interactuar con ellos; como si los hubiéramos deshumanizado y les negáramos los atributos típicamente humanos.

La envidia inicia con la discrepancia entre ellos y nosotros. Luego tenemos que prestarles atención si queremos controlar nuestro propio destino. Pues bien, el detector cerebral de la discrepancia es la corteza cingulada anterior, la corteza frontal otorga proyección de tiempo y analogía inteligente de las circunstancias. Los estudios neurológicos de la envidia detectan activación de la corteza cinglada anterior. Como ya he señalado cuando pensamos en otras personas se activa la corteza prefrontal medial, por ejemplo cuando mujeres observan modelos de buen tipo esto las pone ansiosas. Estudiantes que observan modelos en los que ellos querrían convertirse (gente de negocios, gente rica) también muestran activación de la corteza prefrontal medial (como ya he dicho no se activa ante gente que despreciamos).

El desprecio

En cuanto a la firma neurológica del desprecio lo que vemos es una activación de la ínsula, que es una estructura que tiene mucho que ver con el asco. Reaccionamos ante los marginados como si estuvieran contaminados, tanto moral como físicamente. Y en la *shadenfreude* lo que vemos es una activación del estriado central que es parte del circuito de recompensa. Es decir, la desgracia de una persona envidiada activa nuestro circuito del placer.

La envidia y el desprecio dan lugar a problemas de salud y a conflictos sociales. Los poderosos o envidiados son vistos como fríos (por eso Bill Gates y otros hacen fundaciones humanitarias para añadir un poco de calidez a su alto grado de competencia) y la gente siente animadversión y resentimiento contra ellos. Se les ve como que han sacrificado una parte de su humanidad para triunfar y que son un poco autómatas o androides. También se suele pensar que están conspirando y en general esa envidia contra los privilegiados despierta deseos de hacerles daño.

La envidia es mala para la salud, nos corroe, como se dice. Lo que no soportamos no es estar mal, es estar peor que otros. Nos hace sentir inferiores y nos da un síndrome de bajo estatus que tiene un coste en nuestra salud. Sapolsky ha estudiado la salud en mandriles y ha observado que es peor en los sujetos de menos estatus. Sentir hostilidad es un factor de riesgo para enfermedad cardiovascular. Las desventajas del desprecio a todos niveles son evidentes. Pero a pesar de estos inconvenientes la envidia y el desprecio son ubicuos en nuestra vida.

¿Por qué nos comparamos? Pues por varias razones: para saber quiénes somos y dónde estamos, para proteger nuestra autoestima y para identificarnos con nuestro grupo, con nuestros iguales. Reitero, todos los seres vivos tienen jerarquías y es esencial saber dónde está cada uno para colocarse en tu lugar. La comparación nos aporta información acerca de nosotros mismos y eso nos puede ayudar a mejorar. Se puede decir que la necesidad de compararnos tiene que ver con la necesidad de conocer y de controlar. También necesitamos sentirnos bien con nosotros mismos, por lo menos lo suficiente para salir de la cama por las mañanas y para ello nada mejor que compararnos con alguien inferior.

Por otro lado, es muy importante para una criatura social como nosotros ser aceptados por el grupo. Estudios tras estudios demuestran que nuestra autoestima procede de los sentimientos de sentirse incluido o excluido por el grupo. Tenemos una necesidad básica de pertenencia y para ser nosotros mismos tenemos que identificarnos con algunos grupos. Por lo tanto, tengo que compararme con los otros miembros del grupo para ajustarme a su conducta y sus valores.

Todos somos iguales pero se percibe a la gente en el poder como diferente. Aparece cuando la gente cree que no tiene el control, y reclama el gobierno del pueblo cuando siente que se lo han arrebatado. La gente siente que el juego económico no es justo y que está controlada por unos lejanos poderosos que no puede identificar muy bien. La frustración puede llevar a la agresión. Cuando la gente siente que tiene sus objetivos en la vida bloqueados, especialmente por razones ilegítimas, se enfada y vuelve agresiva. La rabia del pueblo procede de vivir en un mundo en el que sienten que las élites les miran con desprecio.

Si la envidia y el desprecio tienen tantos problemas, ¿qué podemos hacer para superarlas? Consejos contra la envidia y desprecio (difíciles de seguir):

1. Conozcamos mejor a las otras personas (los envidiados y los despreciados);
2. No presumamos de nuestros logros para no generar envidia: evitar hablar de lo buenos que son nuestros hijos, nuestro coche, nuestra casa de campo, etcétera;
3. Evitemos las comparaciones incluso dentro de la pareja o con los amigos;
4. Reconozcamos los logros y lo bueno de los demás y cooperemos con ellos.
5. La clave para vencer la envidia y el desprecio es hacer que la gente se sienta más segura y valiosa.

MALDAD EN EL CEREBRO:
ASESINAR A LA PAREJA

El amor puede ser cosas esplendidas, pero puede estar inmerso de desesperanza, dolor y decepción. Matar por amor no es inusual. Hay 1.07 homicidio de la pareja por cada 100 000 habitantes. El 40% de los asesinatos a mujeres lo ejecuta la propia pareja. Sólo un 6% de los varones son asesinados por su esposa. 81% de los casos sucede cuando ella decide separarse de él. 90% ya tenían antecedentes de violencia en el noviazgo. 78% de los varones asesinos indican que mataron a su esposa por amarla demasiado.

El patrón que domina en estos casos es un varón posesivo, celoso patológico y de enojos fáciles, donde el asesinato es el clímax de una historia de violencia.

El asesinato es una consecuencia intencionada de agresiones, previamente planificada llena de desesperación. Contrasta que la mayoría de las mujeres rechaza lo anterior. De acuerdo con F. Expósito (2011), son cuatro las justificaciones que argumentan las mujeres ante el maltrato:

1) Negación del daño.
2) Apelar a ideales (mantenimiento de la familia).
3) No separarse para no perjudicar a los hijos.
4) Atribuirse el fracaso en el papel de mujer, como esposa y madre.

Los varones asesinos perciben a su pareja como propia, es base de su control, masculinidad, del poder y el honor. La separación les hace sentir humillación, ilegitimidad y debilidad. Tienen historias de pareja de corta duración.

El perfil de los asesinos es cercano al psicópata: planea, puede negociar, entiende de reglas, miente, manipula y no tiene remordimientos. Se pueden integrar a la sociedad sin identificar sus intenciones. Egocéntricos con poca retroalimentación social en la empatía y los apegos. Se aburre fácilmente, sus metas son irreales y los detalles son de una personalidad irresponsable.

Enamoran, prometen, son encantadores y gradualmente muestran sus tintes violentos y maltratadores. Su intelecto está intacto.

El cerebro asesino

Algunos asesinos en serie, aquellos que tienen una larga serie de asesinatos cometidos, tienen antecedentes en común, historias de maltrato infantil, abandono, incompatibilidad emocional con los padres o la familia, que van moldeando la conducta infantil intolerante, agresiva y generadora de violencia desde las primeras etapas (crueldad con los animales o historias de maltrato y abuso o agresiones sexuales, o actividad sexual promiscua; es decir historia de delincuencia juvenil).

Los asesinos tienen cambios en su cerebro, la actividad de la corteza prefrontal se reduce, llega menos oxígeno y glucosa, la consecuencia es una disminución de la parte del cerebro inteligente y que disminuye las compulsiones, es decir, no hay frenos, ni sustrato social. No se tiene remordimientos, de los actos y se convierten en individuos compulsivos, violentos e irreflexivos. Además se asocia con un incremento en la función límbica, como la amígdala cerebral, lo cual es el marcador de su intolerancia, agresividad y pérdida del autocontrol.

Los asesinos de su cónyuge son comúnmente los más débiles de la pareja. Son dependientes y al mismo tiempo críticos de su relación. El asesinato viene de la fuente de debilidad y no de fuerza. Como un reclamo.

La curiosidad del cerebro

El cerebro de los varones es más impulsivo, el de las mujeres más realista.

El cerebro humano puede manifestar fascinación de saber los motivos de un asesinato. Algunas sociedades están más cerca del morbo que otras. Se ha identificado que en algunas comunidades en las que el suicidio es más frecuente los asesinatos disminuyen y viceversa.

El placer que tiene el cerebro al saber detalles de asesinatos tiene una red neuronal que se comparte, el área tegmental ventral libera dopamina, se incrementa la noradrenalina. Se activa la amígdala cerebral y se estimulan los procesos de memoria del hipocampo. La amígdala cerebral genera tensión, miedo y enojo, ya sea en secuencia evolutiva o de retroalimentación al saber de los hechos, el hipocampo registra detalles, realiza analogías y es capaz de recordar los hechos por muchos años. La corteza prefrontal enfatiza la atención y obtiene el placer cuando se entera de la información esperada. Nos complace saber a través del giro del cíngulo el hecho de que el asesino reciba su castigo y nos solidarizamos con la víctima.

¿CÓMO FUNCIONA LA MOTIVACIÓN EN EL CEREBRO?

Un mundo de quejas constantes

Tal pareciera que siempre existe una adversidad frente a nosotros, si ésta es desconocida, es común que nos abrace la tensión y la incertidumbre que disminuye algunas de nuestras capacidades intelectuales. Por otra parte, si conocemos los motivos de nuestras preocupaciones nos sentimos con una mejor capacidad de reaccionar en forma inmediata en busca de una solución.

Tal vez no te des cuenta pero diariamente nos quejamos de las adversidades de la vida; más de treinta recriminaciones promedio al día por diferentes detonantes: nos quejamos por salir tarde, por el tráfico vehicular, por la tardanza de que nos atiendan, solemos desesperarnos sino pasa el autobús o el metro está muy lento; nos atribuimos culpas como no terminar las obligaciones, no tener la explicación que esperamos para sentirnos tranquilos es el motivador principal de ser los peores jueces de nuestras acciones. ¡Basta de sentirnos culpables! es muy importante motivarnos para vivir mejor.

Nuestras emociones oscilan de sentirnos animados por iniciar una nueva actividad a la desaparición de la emoción en un tiempo corto; la dopamina disminuye en nuestro cerebro rápidamente. Sin sentirlo, dejamos proyectos importantes, olvidamos la dieta, posponemos el curso esperado o dejamos de ahorrar; después nos otorgamos una explicación inmediata del porque lo hicimos así, solemos buscar la justificación, pero poco a poco, la idea de culpa aparece y en ocasiones la autocrítica nos lastima.

Es un error pensar que lo que nos hace felices hoy deba hacernos sentir de la misma forma toda la vida, sin embargo, nuestro cerebro siempre busca sentirse contento, en búsqueda de confort y evitar la tensión de lo incontrolable. Buscar motivaciones es un proceso que nos mantiene funcionales. ¿Qué sería de nuestra vida sin una motivación por cambiar? ¿Cómo seríamos si nos rindiéramos a la primera? ¿Qué nos motiva a seguir para demostrarnos otras opciones, para llegar a los éxitos?

¿Difícil cumplir "los propósitos de inicio de año"?

Muchas cosas nos motivan en la vida: comer, viajar, conocer nuevas personas, bajar de peso, el amor, la salud, aprender más, los hijos, la lista puede ser interminable, esto depende de la edad, de la sociedad en la que se vive y del nivel escolar de cada persona, entre muchas más cosas. Todas las motivaciones tienen en común activar zonas del cerebro relacionadas con la memoria, la atención y la felicidad. Entre más nos motiva un evento o situación, el cerebro elabora una emoción basada en la necesidad de que se cumpla, se pone mucha atención y nos deja un aprendizaje cuando el evento sucede. La emoción amplifica señales, si logramos lo que nuestra motivación tenía planeado nos sentimos muy felices y solemos dejarnos llevar por nuestra sensación sublime. Sin embargo, si el resultado es negativo, solemos ponernos tristes, descalificar y hasta enojarnos. De una u otra forma, felices o enojados activamos prácticamente las mismas redes neuronales. Por eso la motivación y la frustración comparten estructuras cerebrales anatómicas.

Cumplir un propósito se puede convertir en un hábito para el cerebro. Para que se lleve a cabo un hábito necesitamos en promedio de 28 a 30 días para que las neuronas se conecten haciendo nuevas vías y aprendan el proceso que nunca vamos a olvidar. Por eso, más que "echarle las ganas" para vencer lo negativo o para que "salgan las cosas" es necesario convencernos de que es la constancia de hacerlo varias veces, acompañado de la persistencia de no darse por vencido y adicionado por la motivación de seguir intentándolo. El cerebro aprende con mayor énfasis lo que le cuesta dominar.

Neuroanatomía y química de la motivación

Si realizáramos un resonancia magnética a una persona motivada por cumplir sus propósitos de inicio de año, veríamos cómo se iluminan áreas cerebrales como la corteza prefrontal y el giro del cíngulo que hacen que nos comportemos más compasivos con otras personas para contagiar nuestra motivación; los ganglios basales actúan como un entrenador personal vigoroso que repite constantemente ideas de que podemos lograrlo. La memoria se agudiza y ponemos más atención porque el hipocampo está muy activo en estados de motivación. Si nuestro cerebro supone que es posible conseguir un objetivo con imaginar resultados exitosos, disminuye el cansancio y nos permite filtrar en forma distinta los elementos negativos cotidianos: entre más motivación solemos ser más considerados con otras personas, distinguimos mejor la alegría de los demás, pero también creemos más las mentiras que nos cuentan, por eso es un estado vulnerable que suele hacernos comprar cosas que no necesitamos.

La dopamina y las endorfinas procesan la motivación positiva, la adictiva de sonrisas y placer. Gradualmente nos motivamos porque esto nos hace sentir felicidad, gusto. Los resultados de un trabajo a largo plazo, el "sí" esperado por la persona amada, o por fin bajar de peso u obtener un grado académico activan al cerebro haciéndole cambiar su neuroquímica. Si bien, también lo negativo nos motiva porque no nos gusta sentir dolor, vergüenza o amenazas, el proceso negativo activa más las zonas cerebrales de memoria. La actividad cerebral es distinta cuando nos motivan cosas negativas como recuerdos dolorosos o miedos. La automotivación siempre va involucrada con lo que nos hace felices. Un abrazo, apretones de mano, una palmada en la espalda es suficiente para generar oxitocina en el cerebro el cual nos hace más sociables y contagia de alegría y empatía a los demás. Parte de la motivación para lograr objetivos es sentirnos parte de una comunidad, de un equipo. La soledad no es buena motivadora.

La motivación cambia con la edad

Los adolescentes se motivan con más énfasis pero cumplen menos sus objetivos. Un cerebro adolescente tiene una gran actividad de la amígdala cerebral que lo hace impulsivo, emotivo pero con poca proyección de resultados. Estos cerebros de jóvenes tienen mayor actividad en regiones cerebrales relacionadas con conductas efusivas cuando son observados por amigos de la misma edad, lo cual se pierde con la edad. Los adultos suelen motivarse más por cuestiones personales y encaminadas a logros profesionales que pueden compartirse. Es decir, de jóvenes aprendimos a motivarnos en forma individual y egoísta para ser más sociales y solidarios como adultos. Una emoción fuerte o gratificación inmediata pueden disminuir el control de nuestras decisiones, el cerebro siempre quiere premios a corto plazo con poca inversión de tiempo, de ahí la importancia de la experiencia, la cual nos permite motivaciones con los pies en la tierra.

Una forma de motivación es nuestra capacidad para resistir la tentación de cumplir nuestros placeres culposos, de estar a favor del comportamiento orientado a objetivos a largo plazo; esto lo logran mejor los adultos. Históricamente, el desarrollo de la capacidad de control ha sido descrito por una función lineal de la infancia a la edad adulta, las motivaciones ilusionan a los niños-jóvenes, sin embargo el castigo es entendido como procesador motivacional más en estas edades. De adultos solemos motivarnos más por las cosas novedosas y resultados a corto plazo y solemos reducir la sensación negativa del castigo.

La memoria, poner atención y aprender son más vulnerables a los incentivos: a más ganancia más motivación, el cerebro libera más dopamina y endorfinas y el factor por querer lograr los éxitos es más fuerte. Estudios en neurociencias muestran que las ganancias fáciles si otorgan felicidad pero no hacen feliz a las personas. Por ejemplo, solemos disfrutar más del dinero que obtuvimos por el trabajo y el esfuerzo que si lo hubiéramos obtenido por un premio de lotería.

Con motivación se logra casi todo

La motivación es una actitud generada en nuestro cerebro que procura hacernos prácticos y sentir control de que podemos lograr alcanzar una meta en un estado comúnmente acompañado del optimismo. Un objetivo inalcanzable nos motiva pero rápidamente podemos perder el interés ante la primera situación negativa, éste es el principal factor desmotivante: fijarnos y obsesionarnos en lo difícilmente realizable. Ahí radica mucho de cumplir lo que nos prometemos, la posibilidad de alcanzarlo.

La motivación incrementa el rendimiento escolar y el aprendizaje, ya que permite un estado neuroquímico cerebral que ayuda a retener información debido a las nuevas conexiones neuronales. Por lo que motivarnos puede inducir cambios anatómicos y de comunicación neuronal los cuales pueden ser utilizados por otros procesos que ayudan al cerebro a ser mejor. Estos cambios son irreversibles.

La motivación nos puede llevar a tomar decisiones arriesgadas cuando está acompañada de mucha emoción, por lo que es necesario esperar, si el proceso vale la pena, el tiempo ayuda a discernir sobre el impacto de las decisiones. La adrenalina y dopamina nos hacen ser arriesgados. También este factor emotivo suele ser el generador de adicciones a la motivación: muchas personas hacen promesas, se comprometen a realizar nuevos proyectos, aceptan nuevas condiciones o inician relaciones de pareja motivantes, que después de cumplirse ciertas etapas o de hacerse evaluaciones parciales terminan por irse a buscar nuevos motivos procurando la sensación constante de felicidad que otorga la dopamina, es decir se genera un ciclo de búsqueda de motivación, aun sabiendo que no van a cumplirse las promesas; son datos de una corteza prefrontal inmadura, no hay frenos y difícilmente se llega a tener arrepentimiento.

Para cumplir objetivos con motivación

La motivación es importante para llegar al éxito, para cumplir nuestros propósitos, pero es necesario ser consciente para cumplirlos, algunos puntos que las Neurociencias postulan para ello, son:

1. No te quejes, acepta errores y vuelve a empezar. Esto trae consecuencias positivas en la motivación.

2. Sé constante, es posible el cambio gradual. Con disciplina enseñas a tu cerebro los hábitos.

3. Otórgate premios, el primero que debe consentirse eres tú. La dopamina funciona más en estas condiciones.

4. Se parte de un equipo, entre más estén convencidos de los cambios y más apoyo social se tenga, la motivación dura más. ¿y si no hay nadie? ¡Abrázate a ti mismo!

5. Nunca pierdas la imaginación, piensa en el logro, en el éxito, en los objetivos por cumplir.

6. No te culpes, todos cometemos errores. Ser empático libera oxitocina la cual ayuda a la motivación.

7. No te compares, la motivación por este tipo de conductas en la mayoría de las ocasiones termina por hacer desertar a quien hace una tarea.

8. Agradece con dignidad a quien te ayuda. Te hace sentir mejor y efectivamente te motiva a ser mejor: el cerebro libera oxitocina.

9. Disfruta de los logros en la medida que te esfuerzas, es necesario hacer que de la motivación sea agradable y no una tortura.

10. Fija metas posibles, objetivos alcanzables. Lograrlos enseña al cerebro a ser exitoso.

EL DOLOR EMOCIONAL EN EL CEREBRO

Al cerebro le es difícil llorar por más de 8 min consecutivos, de la misma forma que no puede durar más de 2 min en una crisis convulsiva. En analogía, la duración del dolor emocional no es mayor de 20 min, ya que los 3 procesos previos demandan una alta actividad metabólica y un consumo de oxígeno/glucosa que no puede mantenerse por más de esos periodos.

En el caso del proceso de dolor autoinfligido el pensamiento, los recuerdos y los desencadenantes psicológicos/ sociales empeoran las cosas: el dolor se conceptualiza por más tiempo, pero no como un proceso activo, si no como una conducta aversiva y al mismo tiempo un procesamiento que a largo plazo genera la liberación de endorfinas, las cuales buscan reducir el dolor y generan placer. En otras palabras, procurar el dolor y mantenerlo tiene un mensaje oculto: a través del dolor se puede obtener un placer que no se tiene.

El cerebro es capaz de incrementar la sensación dolorosa ante un estado emocional negativo. Varias estructuras cerebrales se encuentran involucradas en el proceso: el tálamo y la amígdala los cuales son rápidos en la activación de identificar e interpretar el dolor. Sin embargo, los ganglios basales, el hipocampo, la corteza cerebral insular y cingular así como algunas estructuras diencefálicas como el núcleo accumbens lo hacen con menor velocidad pero durante más tiempo.

La preocupación, la anticipación, el alcohol o drogas como las benzodiacepinas modifican el procesamiento del dolor iniciado por un proceso emotivo, alargándolo.

Existe una relación proporcional entre el proceso doloroso pasional y la generación de adicción o estado de abstinencia, ya sea a una droga o inducido por una persona. Es decir, que en paralelo, el estado emocional negativo puede exacerbar el dolor y prolongar más dependencia y abstinencia por no tener a la persona amada a nuestro lado. Es posible incrementar la sensibilidad a emociones negativas que generan dolor, lo cual se denomina hipercatifeia, un ejemplo de esto es que cualquier sensación de abandono de la pareja —cierta o falsa— genera dolor en el pecho o abdomen, de forma gradual, constante, o sensación de dolor muscular u óseo, el cual puede persistir aun dándose cuenta la persona que es falso el origen de la preocupación, es decir aumenta la sensibilidad al dolor por el proceso negativo. Esto rompe con el estado fisiológico normal del cuerpo incrementando los niveles de glucemia, modificando la liberación de hormonas (cortisol, estrógenos o testosterona), disminuyendo los estados de atención y memoria, incrementado el metabolismo cerebral y la inducción del sueño, se genera una estabilidad a través del cambio denominada alostasis, la cual puede llegar a ser crónica.

Ante un dolor emocional, en el cerebro algunos neurotransmisores se modifican: la dopamina, la serotonina, disminuyen. La adrenalina, el glutamato activan vías para reaccionar y alertar. El estado emocional se asocia a ansiedad, depresión, miedo y cambios en la atención.

El dolor emocional se procesa activamente en la corteza prefrontal y el giro del cíngulo, ambas cortezas cerebrales determinan el estado emocional del sufrimiento. Junto con el hipocampo lo introyectan a la memoria, son la regiones que aprenden. Por lo que son las áreas cerebrales que mediante esfuerzos cognitivos controlan las emociones negativas, reducen el dolor emocional, dirigen la atención hacia la naturaleza transitoria de la experiencia momentánea. Limitan la elaboración cognitiva a favor de la conciencia a corto plazo para reducir la autoevaluación negativa, fomentando la tolerancia e incremento del afecto negativo y del dolor, y contribuye a generar autocompasión y empatía.

SER EXCLUIDOS: NEUROBIOLOGÍA
DE UN PROCESO DOLOROSO

El castigo de no ser tomado en cuenta, ser invisibles, irrelevantes, no ser invitados a la fiesta o entender que no quieren hablar con nosotros, es interpretado inmediatamente por el cerebro y es una de las mejores herramientas que tiene el proceso de aprendizaje para evitar esta sensación en la vida repetidamente.

Al proceso de excluirnos se le conoce como ostracismo, una de las experiencias con las que el cerebro humano aprende a evitar errores y entender las lecciones a través de procesos de reforzamiento negativo o adverso.

El malestar psicológico de entender lo que socialmente es una exclusión a nuestra persona siempre es entendido con dolor, tensión y tristeza. No importa que sea un breve momento, las zonas cerebrales que se activan inician un proceso de dolor, tristeza, enojo y estrés. La autoestima se lesiona, la pérdida de sensación de control genera ansiedad.

Todos los seres humanos ante la exclusión sentimos dolor, porque lo asociamos a la pérdida. No importa la edad o que tan sensibles seamos. Lo que es un hecho es que depende de la fuerza de nuestro carácter, madurez del cerebro y la personalidad construida, cómo resolvemos el conflicto interno de sabernos excluidos.

El proceso de dolor comienza a mitigarse cuando detectamos la fuente, nos otorgamos una explicación. Entenderlo a tiempo ayuda a reaccionar y procurar superar la mala experiencia.

El ostracismo es un proceso voluntario, que se puede dar desde la omisión de comunicación verbal, redes sociales o cuando alguien se niega a trabajar con nosotros. La reacción es rápida, intensa, en el cerebro se activan los centros del dolor (giro del cíngulo, hipocampo e hipotálamo, ínsula y ganglios basales) generan de tristeza (disminuyen los niveles de serotonina), generando enfado (activación de la amígdala cerebral), disminuyendo la atención en detalles (liberando cortisol). Aunque las neuronas espejo y la corteza prefrontal reducen en mucho las reacciones negativas de nuestro enojo.

El cerebro de quien se sabe excluido reacciona con el fin de permanecer, y tratar de sobrevivir a la experiencia. De no conseguirlo, reduce su atención y buena disposición sobre quien le generó el proceso, evitando el sentimiento de pertenencia, reduciendo con ello los niveles de oxitocina en nuestro cerebro y como consecuencia disminuye la autoestima.

En un altercado o discusión, las personas seguimos conectadas al evento, pero ante la omisión u olvido, se rompen los lazos, induciendo dolor psicológico. Éste es uno de los motivadores de sensación de venganza o búsqueda de recompensa ante el dolor infringido con actos violentos (por ejemplo atentados o tiroteos en escuelas). Los individuos "invisibles" llaman la atención con esos eventos, es una de las mejores escuelas para los eventos extremistas.

El diálogo interno y buscar nuevas experiencias positivas acompañadas de un reforzamiento de buenas experiencias reducen el evento. Obviamente, un cerebro con experiencia disminuye los eventos negativos. Las personas que han sufrido este proceso son más empáticas, dialogan más tiempo y procuran reafirmar sus lazos sociales y familiares.

CAPÍTULO 6

Estrés y miedo

EL ESTRÉS Y EL CEREBRO

Tener estrés no es malo, un desencadenante de tensión promueve un estado inmediato para poner atención, el corazón late con más fuerza y rápido para alimentar a nuestro cerebro y músculos, podemos correr más rápido, pensar en detalles quitándonos objetividad. La sensación de que el tiempo puede pasar más rápido es común, y aparece una frecuente tensión emocional de tratar de encontrar salidas, respuestas o ideas para evitar las emociones negativas al evento que lo desencadena. Es decir, el estrés agudo prepara un cerebro para un mejor rendimiento. Sin embargo, el problema radica cuando este estrés dura más de ocho horas, lo cual indica que fallamos para adaptarnos al proceso.

El estrés crónico un problema de salud

De 10 personas que acuden a consulta médica, 8 tienen un problema de salud relacionado directa o indirectamente con el manejo inadecuado del estrés crónico. El estrés está relacionado con predisponernos a diarreas o cuadros gripales hasta con el inicio y agravamiento del cáncer. El nivel elevado de cortisol es el marcador de un estrés crónico. Este exceso hormonal es el responsable de dolores de cabeza repetitivos, relacionado a la obesidad reactiva, que se genera por comer mucho ante problemas; osteoporosis o pérdida de hueso que es muy grave en personas con menopausia; colitis o inflamación del intestino grueso lo cual es común en personas que se preocupan demasiado. Incluso, el estrés se ha asociado al inicio de padecimientos como esquizofrenia, trastorno bipolar y el inicio de adicciones a sustancias. Algunos signos del estrés son frecuente mal humor, agotamiento constante, perder la concentración de lo que se hace hasta olvidar cosas.

¿Qué sucede en el cerebro cuando estamos en un estrés crónico?

El estrés es una respuesta fisiológica que aparece ante lo inesperado o ante condiciones que nos resultan peligrosas en la vida. El cerebro es el órgano que inicia, lo mantiene y lo hace crónico. Son varias estructuras neuronales que están involucradas con el estrés: el hipotálamo detecta cuando comemos, dormimos e inicia el reflejo de tener sed, es nuestro reloj interno y al mismo tiempo el generador de las sensaciones de deseo sexual y necesidad de descanso; el hipocampo, estructura que memoriza y ayuda al aprendizaje, compara nuestras experiencias y contrasta lo que analizamos; la amígdala cerebral que genera las emociones que amplifican señales y al mismo tiempo disminuyen nuestros procesos inteligentes; el giro del cíngulo que se la pasa analizando las emociones de quien está frente a nosotros y una estructura denominada ínsula que analiza por sí sola el dolor y su interpretación conductual.

Cuando estas estructuras detectan algo anormal, se envía una señal a la hipófisis que a su vez activa por vía hormonal a unas glándulas que están arriba de los riñones, las cuales se denominan glándulas suprarrenales. Éstas, responden liberando la hormona llamada cortisol, la cual es un activador a mediano-largo plazo de nuestro organismo. El resultado de elevar el cortisol en la sangre es incrementar los niveles de glucosa para todo el cuerpo, para que todos los órganos trabajen con mayor eficiencia, lo cual es adecuado en tiempos cortos y no por horas y menos por días. Por ejemplo, esto genera indirectamente que el cerebro quede sobreactivado y no pueda dormir en la madrugada (cuando nos despierte cualquier sonido) ya que estamos sobrealertados, la mayoría de las cosas se interpretarán como peligro o amenazas. Si esto dura semanas o meses, el cerebro inicia a cambiar: el cortisol puede matar neuronas del hipocampo, disminuyendo la capacidad de memorizar. Los primeros resultados adversos de tener un estrés crónico es disminuir la memoria. Además, el estrés crónico disminuye la respuesta inmunológica cuya consecuencia es predisponer a enfermedades infecciosas o autoinmunes. Una huella biológica del estrés es que este puede cambiar algunos genes y que estos se vean afectados en futuras generaciones predisponiendo a nuestros futuros hijos a padecer con mayor facilidad el estrés.

Estudios en cerebros de personas que estuvieron en los campos de concentración nazi en la segunda guerra mundial demostraron que el común denominador era el estrés crónico. En todos, sin excepción, se demostró que las neuronas del hipocampo mueren repercutiendo negativamente en la memoria. En consecuencia, la persona con estrés crónico se hace olvidadiza y sus emociones están a flor de piel: es fácil llorar o enojarse ante pequeños detonantes.

En el estrés crónico gradualmente la protección del cerebro se va perdiendo. La barrera hematoencefálica y las células que protegen a las neuronas conocidas como glía, con el estrés disminuyen, las neuronas son en estas condiciones vulnerables a ataques nocivos de toxinas y sustancias inflamatorias. Este proceso es el inicio de tumores, infecciones cerebrales o enfermedades autoinmunes como la esclerosis múltiple.

Muerte de neuronas y otras células por el estrés

Específicamente en el estrés, la muerte neuronal es consecuencia de dos eventos: 1) el incremento de la producción de radicales libres, unas partículas que agreden a las membranas celulares, 2) el incremento de la entrada de calcio a las neuronas, generando una señal de muerte a mediano plazo. Tratando de activar nuestro cerebro, el cortisol resulta ser tóxico a largo plazo.

Además de las neuronas, cuando las células del cuerpo se encuentran en estrés, cambian su división celular. Es decir, es como si decidieran ya no dividirse, prefieren morir. La parte que tiene la información genética en los cromosomas, que tienen nuestro ADN, cambian su lectura y protección. Una célula se hace vulnerable, ya no se divide y muere más rápido. Este proceso lo llevan a cabo células del sistema inmune, musculares, vasculares y de glándulas que producen diversas hormonas.

Un estrés agudo que se resuelve a corto plazo puede ayudar a la memoria, en contraste un crónico es fatal para el proceso de recordar detalles. El estrés a etapas más tempranas, por ejemplo en niños, es un factor que favorece aún más la muerte neuronal y la pérdida de la memoria. La tensión constante es perjudicial tanto para el cerebro como para el sistema circulatorio, inmunológico y endocrino. Lejos de un estigma de moda y efímero, el estrés crónico deja huellas permanentes. La buena noticia es que podemos controlarlo haciendo ejercicio, meditando, descansando y llevando una dieta adecuada. Lo importante es saberlo detectar y ser honestos para aceptar que se padece y pedir ayuda profesional si es necesario.

EL ESTRÉS DISMINUYE EL AMOR COMPASIVO

El estrés crónico afecta negativamente la salud física y mental ya que incrementa el metabolismo, adapta una respuesta hormonal ante un estímulo nocivo, puede inducir muerte neuronal y disminuir la capacidad inmunológica. Además de esto, puede generar efectos conductuales, un estudio reciente de la Universidad de McGill (*Martin LJ, Curr. Biol 2015*) indica que el estrés disminuye la empatía social.

El "contagio emocional del dolor" —un componente clave de la empatía que tiene que ver con nuestra capacidad de entender el dolor de los extraños— disminuye significativamente en el estrés.

Al tener estrés, el cortisol y otras hormonas asociadas limitan la capacidad cerebral de sentir dolor emocional, el cerebro interpreta con menos intensidad la tristeza de quien está frente a nosotros, modifica la percepción de estímulos desagradables. De esta forma, indirectamente, la empatía que sentimos por los demás depende de los niveles de estrés que tenemos en la cotidianidad. El estrés nos hace egocéntricos y disminuye la capacidad de distinguir las emociones de otras personas.

En un adecuado estado de salud mental, somos capaces de percibir e interpretar el dolor emocional de los demás. Solemos abrazar, dar palabras de aliento y solidarizarnos ante el dolor ajeno. La sensación de empatía por quien experimenta un mal momento o una vivencia triste aumenta cuando nosotros previamente ya la experimentamos; conocer el luto, el abandono, nos incrementa la empatía.

En roedores, cuando un experimentador los somete a dolor físico, entre ellos generan empatía, pero en situaciones de estrés, el vínculo social se disuelve. De esta manera, sabemos que un problema genera estrés, y esto a largo plazo cambia a una sociedad ante la adversidad.

> *Padres con estrés pueden dificultar la capacidad de sus descendientes de recuperarse de un trauma.*

En humanos, quitar el efecto hormonal del estrés ante la experiencia del dolor moral nos hace más empáticos. En otras palabras, disminuir el cortisol nos regresa a ser más tolerantes. Gesticulamos y nos movemos más. Por lo que hoy las neurociencias reconocen que socialmente estamos condicionados por el nivel de estrés y ansiedad para reaccionar solidariamente.

El cambio neuroquímico en el estrés

Los cambios bioquímicos en el cerebro relacionados con el estrés previenen del contagio emocional. Durante el estrés se liberan grandes concentraciones en el hipotálamo de CRH, una hormona que libera corticotropina de la hipófisis que a su vez incrementa los niveles de cortisol por parte de las glándulas suprarrenales. Esto favorece la aparición y el mantenimiento neuroquímico de no reconocer el dolor ajeno: incrementa la vasopresina, disminuyen la serotonina, la dopamina y la oxitocina. Esto reduce la expresión del amor en cualquiera de sus expresiones, nos disminuye la sensación de ayuda por los demás.

En relación al estrés de generaciones previas, un artículo publicado en *Scienfic American Mind (abril 2015)* indica que el estrés experimentado por personas de manera importante en su vida éste puede impactar negativamente en la vida de sus hijos (estrés transgeneracional). Es decir, el trauma en nuestra vida puede inducir trastornos de ansiedad a nuestros hijos.

Quien padece estrés postraumático puede llevar paradójicamente a sus siguientes generaciones a no adaptarse a los problemas cotidianos. En especial los hijos de madres embarazadas con estrés tendrán mayor probabilidad de altos niveles de ansiedad, más susceptible al estrés y consecuencias negativas al incrementar la incidencia de hipertensión, obesidad y resistencia a la insulina.

El cortisol no es una hormona patológica, el problema es tenerlo en altas concentraciones en la sangre por tiempos prolongados; sobreactiva al cerebro, generando expectativa de peligro, hipervigilancia e incremento en el consumo de calorías. El cortisol crónico cambia la neuroquímica y en consecuencia algunas conductas se hacen evidentes: puede inhibir la compasión. Ya que el estrés puede influir negativamente en la salud mental de nuestras siguientes generaciones, es necesario cuidarnos, disminuir sus detonantes y, en su defecto, pedir ayuda profesional cuando ya se padece.

EL MIEDO Y EL CEREBRO

El cerebro genera mecanismos de alarma en caso de peligro inminente o, incluso, ante la mera posibilidad de una agresión exterior. La consecuencia suele ser o la huida o el intento de evitarlo y de combatir sus causas. La franja emocional va desde el miedo ante amenazas concretas (en el caso extremo, el miedo a la muerte), pasando por el miedo a ser abandonado.

El humano tiene miedo a las grandes alturas o a los animales peligrosos, en particular a las serpientes. Tenemos miedo a perder la salud, miedo a las lesiones corporales y enfermedades. Es asimismo muy común el miedo infantil a la oscuridad, aunque esta última sensación suele decrecer con la edad. Más del diez por ciento del censo occidental sufre la patología del miedo: las fobias. Se aprecian dos categorías principales: fobias y estados de angustia.

Las fobias remiten al miedo exagerado a determinados objetos, animales (arañas y serpientes, en particular) y situaciones (alturas o espacios cerrados). Por su parte, los estados de angustia —de los que las obsesiones constituyen un ejemplo— provocan reacciones incontrolables o de pánico, que se adueñan de muchos ámbitos mentales. La persona afectada se halla a veces en condiciones de describir lo que le atemoriza, pero no puede explicar las causas.

El cerebro enojado

El cerebro entiende en 300 milisegundos que algo no es correcto. La corteza cerebral es el módulo más inteligente de nuestro cerebro, específicamente la corteza prefrontal la cual inhibe la actividad del sistema límbico. Todos los días, en el cerebro se da una lucha constante entre lo que queremos y lo que debemos hacer. El sistema límbico formado por la amígdala cerebral, hipotálamo, hipocampo, ganglios basales y giro del cíngulo son responsables de nuestros deseos, memorias, miedos, emociones, conductas y la toma de decisiones más arbitrarias que tenemos en la vida. Es la actividad límbica a través de la cual nos enamoramos, odiamos, deseamos y discutimos. La corteza cerebral tiene la función de controlar, tomar con madurez la experiencia de la vida y elegir las mejores decisiones, es el sitio anatómico en donde se encuentran las funciones cerebrales superiores: análisis matemático, objetivos de la vida, proyección del tiempo, lenguaje y comportamiento social.

Cuando tenemos miedo, el hipocampo recuerda, asocia y distingue lo que nos asusta, los ganglios basales brindan una información recurrente, nos hacen tener ideas y pensamientos constantes y obsesivos, la amígdala cerebral genera la emoción, las malas palabras, la impulsividad y la gesticulación de la cara, es el sitio comando del enojo, la magnitud de nuestra miedo depende directamente y en forma proporcional de la actividad de esta estructura. En especial sentimos miedo por una activación mayor de la amígdala izquierda. El giro del cíngulo interpreta la emoción, la cara y la proyección de otros. El hipotálamo se activa, cambia la organización hormonal de nuestro cuerpo la cual se preparara para determinar si huimos o peleamos.

Una susto fuerte genera un incremento de dopamina, noradrenalina y vasopresina en el sistema límbico, sustancias químicas que van a detonar una gran activación de la amígdala cerebral, hipotálamo e hipocampo pero al mismo tiempo tiene la función de disminuir selectivamente la función de la corteza prefrontal. Este proceso dura en promedio entre 25 y 30 minutos. La consecuencia: una actitud vulnerable, obsesiva, con reacción violenta, provocación, elección de alternativas sin pensar en consecuencias, impulsividad.

Miedo designa un sentimiento general, difuso, no referido a un objeto y sin orientación concreta. En esta acepción, el miedo no tiene por qué provocar ninguna reacción concreta. Más bien despierta una observación atenta del entorno, potencia la sensibilidad de los sentidos y aguza la percepción de los dolores. El temor, por el contrario, es más específico, tiene sus referentes en determinados objetos o situaciones e induce a la huida, a la ocultación o al ataque. Por todo ello, el temor es una especie de reacción de alarma que impele a determinadas acciones y reduce la sensación de dolor. Resumiendo, el miedo viene «de dentro»; el temor, al contrario, «del mundo exterior».

Síndrome de Burnout: una falsa satisfacción del trabajo que el cerebro convierte en cansancio y tristeza

¿Qué le sucede al médico que sufre emocionalmente al ir a su trabajo y se ha vuelto irritable? ¿Por qué una enfermera o trabajadora social es común que no se comprometa a en sus labores? ¿Es común que un psicólogo sufra por los manejos que tiene que dar? ¿Escuchar muchos problemas nos puede desensibilizar ante la emoción de alguien? Por qué parece que algunos trabajos generan estrés, depresión y sufrimiento crónico.

Es el Síndrome de Burnout, cansancio, sufrimiento y despersonalización asociado a trabajos en profesionales que ayudan a la gente.

¿Qué es y quién tiene el Síndrome de Burnout?

El Síndrome de Burnout se caracteriza por el agotamiento emocional, despersonalización y disminución de la sensación de logro personal, sobre todo, en el campo de la realización profesional. Es frecuente en las profesiones relacionados a la ayuda a las personas (médicos, psicólogos, enfermeras, trabajadores sociales, abogados, taxistas, comunicadores, prestadores de servicios al público, etcétera). La persona muta gradualmente de ser un profesional proactivo, excelente, comprometido, a tener una desconexión laboral, familiar y social. Las personas con Burnout son menos productivas, es común el ausentismo y la negociación constante para justificarse, lo cual puede por momentos ser considerado como cinismo al no reconocer sus frecuentas fallas.

Signos y síntomas

La persona con Síndrome de Burnout sufre física y conductualmente, sus problemas se amplifican, en especial la toma de decisiones es muy emotiva en relación con lo negativo. No aprecian sus propios logros. Existen encrucijadas que los hacen dudar y los pueden colapsar. Las acciones cotidianas son débiles, sin entusiasmo, los valores de la vida se diluyen y la sensación de pertenencia a un grupo social no existe. La forma de contender ante la vida es una derrota inminente. En las enfermedades no se cuidan, son los peores pacientes.

La vida no tiene sentido o ha perdido el interés por cosas nuevas en los últimos meses. No hay satisfacción laboral. El agotamiento no sólo es físico, también lo es mental.

Qué le sucede al cerebro en el Síndrome Burnout

Este síndrome es el ejemplo característico de la descripción de los efectos negativos del estrés crónico laboral sobre las funciones cognitivas y emocionales. En el cerebro se va gradualmente realizando un desacoplamiento funcional de las redes límbicas (amígdala cerebral, hipocampo, ganglios basales con el giro del cíngulo) y una modulación de alteración de estrés emocional.

Sujetos estresados son menos capaces de contraregular emociones negativas, se quedan más tiempo tristes, enojados y cansados ante nuevos eventos adversos. Tal parece que disminuye la comunicación fisiológica entre la amígdala cerebral (inicio de emociones) y la corteza cíngulada (apreciación consciente del dolor, interpretación de la emoción en la cara). En contraste, se incrementa la comunicación entre la amígdala con el cerebelo y la corteza insular. Es decir, el sitio del cerebro que mantiene una regulación emocional gradualmente pierde la capacidad de disminuir la adaptación a los procesos estresantes. La tristeza y la apatía los acompañan. El enojo y el dolor aparecen como dato significativo.

Son irritables y en paralelo solicitan empatía, una dicotomía de conducta.

En el hipocampo disminuye la síntesis del BDNF (factor de crecimiento neuronal derivado del cerebro, por sus siglas en inglés). La probabilidad de conexión neuronal se reduce. De esta forma el hipocampo no atiende a patrones de atención, la memoria a corto plazo se reduce. Se olvida lo reciente y no se entiende lo que se lee o se pierden cosas con facilidad.

El hipotálamo cambia la regulación hormonal asociada a los ciclos circádicos: el cortisol se incrementa, cambia el apetito, se modifican los patrones de sueño.

Los niveles altos de cortisol inducen una disminución en la activación del sistema inmunológico, en especial disminuye la producción de inmunoglobulinas y activación de macrófagos. El impacto en la instancia hormonal indica que Burnout puede agravar enfermedades crónicas como diabetes, hipertensión y neurodegenerativas como el Alzheimer.

10 puntos que recomiendan las Neurociencias en contra del Síndrome de Burnout

1. Incrementar la empatía con los compañeros: aumenta la oxitocina en el cerebro, disminuye las conductas negativas y fomenta más el proceso de apego.

2. Diálogo constante con un tejido social que dé soporte.

3. Vacaciones necesarias, que cambien el patrón de desgaste laboral.

4. Realizar actividades físicas, que incrementen dopamina.

5. Meditación, ejercicios de relajación que reduzcan la activación de la amígdala cerebral.

6. Reír lo necesario, reducir la amplificación de las malas noticias, incrementar endorfinas.

7. Evitar llevarse el trabajo a casa.

8. Dormir adecuadamente, no llevar a la cama teléfonos celulares, tabletas o computadoras.

9. Atención profesional a tiempo.

10. Siempre considerar que es más importante la salud y la familia que cualquier actividad.

ATRACCIÓN POR EL RIESGO

Sin sentirse seguro, el ser humano arriesga menos. Y sin riesgo, no surge nada nuevo.

Contrarrestamos los avances objetivos de seguridad con una mayor predisposición individual al riesgo.

1. La mayoría de las personas arriesgan más seguridad de la que en realidad poseen como fruto de la experiencia.

2. La compensación de riesgo es necesaria desde el punto de vista evolutivo.

3. El ser humano distingue dos tipos de riesgos: el influenciable por el propio comportamiento y el tecnológico.

4. El cerebro continuamente suprime el factor de seguridad que le ofrece la medicina: Lisa Eaton, de la Universidad de Connecticut advierte: el ser humano buscará una especie de equilibrio del riesgo, si un nuevo medicamento reduce la amenaza que representa una enfermedad, la mayoría de la gente actúa, en contrapartida, de forma más irresponsable. Philippe Autier, de la Agencia Internacional de Investigación sobre el Cáncer en Lyon, y su equipo de investigación revelaron que las personas que utilizan crema solar suelen presentar mayor riesgo de contraer cáncer de piel pues al sentirse protegidas permanecen más tiempo en el sol.

5. Felix von Cube, de la Universidad de Heidelberg, habla de la «seguridad peligrosa»: Tanto las profilaxis del sida, como los programas antivirus para computadoras o los *airbags* de los automóviles persiguen un mismo objetivo: disminuir los peligros. Sin embargo, en lugar de aprovechar la seguridad añadida, nos la volvemos a jugar.

Escalamos montañas difíciles en extremo, practicamos el surf bajo tormentas y lluvia, saltamos al vacío en ala delta, realizamos peligrosos adelantamientos en coche, tenemos amantes o aumentamos el riesgo de padecer un infarto fumando.

6. Cuanto más seguros nos sentimos, más lejos hay que ir para encontrar el estímulo de la inseguridad.

7. Paul Slovic, de la Universidad de Oregón, demostró a través de experimentos que cuanto más útil consideramos una tecnología, mayor seguridad le atribuimos.

8. Gerald Wilde, de la Universidad Queen's de Ontario, observó que dada la confianza en sus propias habilidades de conducción, los participantes en un entrenamiento de seguridad vial acabaron conduciendo más rápido y, en consecuencia, tendrían las mismas posibilidades de fallecer al volante.

9. David DiLillo, de la Universidad de Nebraska sostuvo que frente a imágenes de niños provistos de protección, las madres aceptaban un comportamiento de mayor riesgo. De esta forma, los adultos podrían socavar, sin querer, el sentido del material de protección. Un comportamiento más arriesgado acaba conllevando más accidentes, ya que un casco o unas rodilleras no siempre pueden evitar lo peor.

10. El ser humano distingue entre dos tipos de riesgos: las amenazas influenciables por el propio comportamiento (como el tabaco, la mala alimentación o la exposición al sol, entre otros) y los riesgos tecnológico-sociales, entre los que se encuentran la contaminación ambiental, la emisión radioactiva o los accidentes aéreos.

MIEDO A ENVEJECER

Gerascofobia: miedo a envejecer asociado a diferentes trastornos de personalidad. La gerascofobia es el miedo asociado a la idea persistente, ilógica e injustificada a envejecer. Tiene una prevalencia entre el 1 a 2 % en la población general. Algunas personas se obsesionan por no verse viejos; realizan varias actividades en el que involucran tiempo y economía para reducir el impacto del tiempo en su cuerpo; intentan a través de teñirse el pelo, cremas, maquillajes, dietas hipocalóricas, ejercicios y cirugías estéticas, disminuir la evidencia del tiempo en la piel, el pelo y la fisonomía corporal. Algunos casos llegan al extremo de basar su autoestima en el éxito de verse bien a través de esos procesos. La infelicidad es común a quienes padecen este trastorno, porque finalmente no logran los éxitos esperados.

La gerascofobia se ha estudiado a partir de 1962 en EU. Se tienen las primeras evidencias clínicas de que los cambios en el cuerpo en algunos individuos les despiertan la angustia de una inminente llegada: padecer enfermedades, dependencia de terceros y de una etapa de la vida próxima a la muerte. Los factores psicosociales y biológicos se relacionan directamente con la historia del individuo que tiene esta fobia. Es decir, se asocian patrones de copiado de la familia, o sociales. Además, esta fobia se acompaña de otras, o se asocia directamente a trastornos de la personalidad.

Es común que esto se inicie en la 3ª década de la vida y se acentúe entre los 40-55 años, siendo más común entre las mujeres que en varones, aunque depende de la edad, estatus social y cultural. Es posible que se presente en las mismas proporciones entre hombres y mujeres (rural/urbano y medio socioeconómico en donde se tenga la población en estudio). Una idea constante del miedo a envejecer es que se asocia a la sensación de que falta la realización o el logro de metas sociales, académicas o económicas.

El componente ilógico se basa en la conceptualización de la vejez del individuo que padece gerascofobia. Por ejemplo, se asocia a adjetivos negativos, sufrimiento, pérdidas, fragilidad, etcétera. La pérdida de la fuerza, agilidad, memoria y concentración se denota en la necesidad de mantenerlas a costa de invertir tiempo y dinero, lo cual se puede convertir en un proceso obsesivo, reverberante y delirante que promueve las conductas para satisfacer la idea de que se evita el impacto morfológico negativo de la edad. Este componente puede convertirse asimismo en un factor adictivo y satisfactor, el cual promueve aún más las conductas para realizar los actos voluntarios para que el individuo se vea mejor. Es decir, la lucha de verse jovial denota placer y sensaciones hedónicas reforzantes, es fuente de mantener una buena actitud que es reforzada por el entorno social, el cual incluso premia el verse más joven con respecto a la edad biológica.

Los que padecen este trastorno suelen caracterizarse como personas con rasgos de personalidad ansiosa, histérica o narcisista. Debido a la sobrevaloración que hacen de los bienes materiales y del logro de las metas experimentan problemas para lidiar con la pérdida de la belleza, el poder, la seducción y las riquezas, entre otros. La gerascofobia por lo tanto no aparece en cualquier sujeto, sino que tiene que ver con la madurez de la persona que la padece. Es importante enfatizar cómo el sustrato biológico se refuerza o se extingue por el factor social; de esta manera se sabe que esta fobia está en relación íntima con procesos de ira y miedo que se asocian a cambios en las neurotransmisiones de la noradrenalina y la serotonina del cerebro. Las cuales se ven influenciadas por la sociedad que invita a no tener y evitar la sensación de sentirse viejo, en otras palabras, nos molesta el que se nos critique cuando nos dicen "te ves viejo o acabado" o "tus canas te delatan" o "ya no puedes como antes". Los procesos para mantenerse jóvenes y atractivos se asocian a las estructuras cerebrales que relacionan la recompensa y la efusividad, incrementando neuroquímicos cerebrales motivantes y adictivos como lo son la dopamina y el glutamato, lo cual se ve más favorecido por el refuerzo social que estimula a seguir realizándolo, es decir, se motiva el proceso después de que nos dicen: "que bien te ves" o "que te has hecho que te vez más joven" o "te quitaste unos años de encima". Ambas condiciones atrapan al individuo a engancharse por mucho tiempo para mantener su lucha en contra de envejecer.

Lo anterior indica que la gerantofobia lleva a procesos límites de lo patológico, provocando eventos adictivos y compulsivos. Los cuales se buscan repetir sin una retroalimentación lógica, perdiendo gradualmente los frenos y los límites y que van siempre en búsqueda de la satisfacción inmediata. Se convierte el proceso en una fuente necesaria para sentirse a gusto y favorecer la autoestima.

Este trastorno de miedo o evitación del envejecimiento puede asociarse a otros trastornos de la personalidad, como los obsesivos compulsivos, el de tipo limítrofe de la personalidad, el narcisista, el de despersonalización, el histriónico y el dismórfico corporal. En este último, cae ya un proceso psicopatológico caracterizado por un malestar continuo con la apariencia física del individuo independientemente de la edad, principalmente se obsesiona por mejorar la cara, arrugas, dientes y abdomen.

Los rasgos de personalidad de los individuos con este trastorno son:

- Hipersensibilidad asociada a intolerancia a la frustración.
- Timidez asociada a introversión.
- Necesidad de aceptación social.
- Perfeccionista, narcisista y baja autoestima.
- Dificultad de interacción social con poca asertividad.

CAPÍTULO 7

Felicidad y cerebro

LA RISA Y EL CEREBRO

Sonreír en sociedad disminuye la tensión, genera apego, fomenta la aceptación de individuos en grupos complejos, incrementa la atención y homogeneiza culturalmente. Reír dentro de un grupo de amigos es un código de aprobación, en la oficina disminuye la tensión, en la familia predispone a una mejor comunicación. Una secuencia de risas con la pareja puede ayudar a tener una mejor sesión de besos.

El cerebro humano tiende a ser feliz, lo promueve constantemente, aunque teniendo más elementos para ponerse a reflexionar o para estar triste, la naturaleza de nuestra corteza cerebral busca elementos para tranquilizarse y sentir que no todo está mal.

La risa en el cerebro humano como respuesta social aparece después del tercer mes de vida, para no desaparecer nunca. Un estudio de la Universidad de Ontario reporta que los adultos nos reímos en promedio 18 veces al día, los niños suelen reír de tres a cinco veces más. La fonética de la risa es universal, en todas las culturas se acepta el mismo lenguaje de una risa o una carcajada. Sonreír es una forma de convivencia.

Para reír son importante los contextos: social y psicológico (edad, idioma, origen social, expectativa del chiste y hasta horario, día, mes, etcétera.); por ejemplo, el humor de los estadounidenses suele ser ácido e irónico, en relación a los ingleses, ellos ríen más con la autocrítica, los mexicanos solemos reír de asociaciones absurdas y la utilización del doble sentido de las palabras.

Una broma se acompaña de una carcajada si solemos compartirla entre varios individuos del mismo grupo o edad. La broma o un chiste funciona más cuando la anunciamos, cuando hay expectativas de que viene un desenlace. El efecto de una risa se valora más por la noche y en los días cercanos al fin de semana o en vacaciones.

La importancia de un humor radica en el análisis, en la proyección y la burla de lo cotidiano, solo 11% de lo que nos reímos es por un concepto nuevo, en promedio el 70% de las bromas, de anécdotas o de chistes son una parodia a lo que realizamos todos los días Para reírnos utilizamos las regiones de nuestro cerebro inteligente, asociados a las regiones de la memoria.

¿Por qué nos reímos?

Hay diferentes teorías que explican por qué el cerebro humano se ríe, cada una de ellas o la combinación de las mismas están detrás de una broma y su consecuente sonrisa:

1. La incongruencia manejada: si el cerebro cree encontrar algo divertido es porque el entorno y sus expectativas, ante lo nuevo, a lo congruente, le da un giro inesperado en su lógica. Un chiste o una broma son eficaces cuando el resultado de una decisión, o conducta es impredecible, incongruente y nos toma por sorpresa. Reímos más de contrastes de situaciones cotidianas y resoluciones imprevistas. Reímos de resultados absurdos.

2. Sentirnos superiores: La risa derivada de una concepción repentina de alguna idea de nosotros mismos, en comparación con la debilidad del prójimo. En otras palabras, nos podemos reír mucho a costa de los demás, lo que se puede considerar problema porque esto puede considerarse no idóneo en algunas circunstancias. En este contexto, se ha planteado la Teoría de la agresión-benigna o tolerada del humor descrita por psicólogos de la Universidad de Colorado EUA, la cual explica que lo divertido como una buena broma debe de violar algún tipo de valor o concepto práctico cultural, anteponiendo una distancia psicológica segura donde el humor no sea hiriente, de serlo, sale del aura del humor para ser irrespetuoso. La secuencia debe

ser maliciosa y estar acompañada de la complicidad de quien recibe la broma. Sarcasmos deliberados, racistas, sexistas, dirigidos sin el correspondiente permiso social de la persona aducida, pueden convertir la broma en una injuria, la risa en tensión y el proceso se acompaña de una inadecuada percepción de quien emite y quien recibe el mensaje.

3. Sentirnos bien: el cerebro percibe la risa y el humor como una forma de liberación. La salida inmediata a una tensión, buscando intelectualizar un problema o sacar la emoción tensa queriendo disminuir lo que nos molesta o reducir la preocupación. La risa, como catarsis dirigida a salir de una tensión, emula una caricia social.

Anatomía y neurofisiología de la risa

Por estudios de resonancia magnética, actualmente podemos reconstruir la ruta anatómica de la risa en el cerebro. Una broma inicialmente se detecta en el lóbulo parietal y después emigra para activar los lóbulos temporales, en especial del lado izquierdo.

Inmediatamente después de un chiste, el lado izquierdo (área de Wernicke) informa al hipocampo para expandir la comunicación a los ganglios basales y a la amígdala cerebral. Si la broma es buena, una vez valorada por el sistema límbico, el área tegmental ventral y el accumbens, se informa que es gratificante: se libera dopamina.

El giro del cíngulo evalúa la información y la ínsula aprecia la originalidad. La risa genera, además de la liberación de dopamina, un incremento de b-endorfina y de oxitocina, este estado neuroquímico cerebral puede llegar a ser adictivo por el placer que puede generar.

El hipotálamo traduce la sanación de la broma: la risa es placentera, tranquiliza y promueve una mejor salud; disminuye la liberación de cortisol; se incrementa la producción de anticuerpos (defensas de nuestro cuerpo) y fortalece la producción de interleucinas, es decir una activación del sistema inmunológico.

Una carcajada prolongada incrementa la oxigenación cerebral y corporal. Una risa induce la activación refleja de neuronas en espejo, fortaleciendo el principio de socialización. El chiste o la broma finalmente llegan al cerebro inteligente, se activa primordialmente al lóbulo frontal del cerebro, que se asocia con un mayor funcionamiento cognitivo.

La broma activa estructuras cerebrales en promedio en 300 milisegundos (la tercera parte de un segundo). El chiste está detectado, depende de la información previa (recuerdos), de la expectativa, del ambiente y del estado de relajamiento para obtener la liberación de neuroquímicos.

Ellas y ellos pueden entender diferente la broma

Un estudio de la Universidad de Washington otorga algunas evidencias en relación a diferencias en el entendimiento y la activación de las áreas cerebrales entre hombres y mujeres cuando reconocemos una broma y cómo nos reímos en consecuencia de ella. No obstante a que en ambos sexos los lóbulos temporales se activan igual, el cerebro de las mujeres puede poner más rápido atención, conceptualizan mejor la prosodia (entendimiento de la entonación de las palabras); la latencia de ellas a las bromas es menor y pueden analizar con mayor eficiencia el contenido del chiste; suelen exigir con más inteligencia la risa, activan con mayor eficiencia el sistema límbico y el sistema de recompensa. En contraste, en la mayoría de los varones, la risa se hace más común con estereotipos. Con menor exigencia y la simpleza de la broma sugiere de la misma forma una consecuente risa.

La risa es un ejemplo de inteligencia cerebral. Puede favorecer la salud corporal y mental. El contexto de reír se modifica en la vida. La mujer puede analizar una broma y detectar la ironía o lo hiriente de la broma con mayor eficiencia. El varón es más simple en su reacción, puede burlarse de su superioridad, pero los alcances de las bromas pueden ser catalogados con mayor frecuencia como desentonados.

EL CEREBRO FELIZ EN EL TRABAJO

El buen humor incide de forma directa en la comunicación entre compañeros, la cohesión de los empleados ante una adversidad, así como en su satisfacción personal; incrementa la productividad y fomenta la creatividad.

Es lógico plantear que las experiencias que llevan a la insatisfacción en el trabajo no coinciden con las que aportan felicidad y bienestar a los empleados.

¿Qué factores son los que alejan la felicidad del trabajo? LOS MÁS COMUNES SON TRES:

1. La falta de comunicación con la supervisión y falta de liderazgo.
2. Un salario poco competitivo.
3. Condiciones de trabajo inapropiadas.

En general, cuando un trabajo es bueno para nuestra vida es porque nos sentimos felices en él. Ser felices en el trabajo se mide en dos aspectos fundamentales:

A) Estar alegre a menudo, asociado con tener un propósito en la vida, y B) sentir que el trabajo ayuda a desarrollarnos económica, moral y socialmente.

B) El cerebro procura evitar distinciones artificiales y de dudosa utilidad. Sin embargo, a largo plazo este proceso disminuye, ya no se reconoce con facilidad cuándo se pierden los objetivos laborales, éticos o en qué momento se dejó de estar a gusto en el trabajo.

Emociones que se contagian

En el lenguaje cotidiano solemos usar términos para ser cordiales y generar una sonrisa; nos hacemos empáticos. El contagio emocional se refiere al proceso mediante el cual interiorizamos emociones similares a las que observamos en otra persona, el cerebro lo hace todos los días, a través de asociaciones, recuerdos, neuronas en espejo y cambios neuro-químicos. El fenómeno se produce de diversas maneras. Por un lado, existe la tendencia humana a imitar las expresiones faciales, los movimientos y las posturas de aquellos con quienes se interactúa. Por otro, las personas pueden copiar aspectos como el lenguaje, el tono de voz e incluso experimentar el mismo estado afectivo. Es un proceso rápido y del que en ocasiones no somos plenamente conscientes. Un cerebro con adecuada salud mental se pone feliz en un ambiente feliz.

Las emociones positivas son un potente favorecedor de resultados positivos en los equipos de trabajo. Las actitudes y conductas negativas también se copian, pero tiene más reticencia y menor capacidad de aceptación. Generan críticas y son favorecedoras de división social.

La situación emocional que más poder de contagio tiene es el sentido del humor. Está comprobado que el uso del humor por parte de los trabajadores incide en la satisfacción, una mejor comunicación y cohesión de los equipos de trabajo. Del mismo modo, el humor es un potente amortiguador de las situaciones estresantes, condiciona una sensación de cooperación y solidaridad para resolver un problema.

¿Qué puede ayudar a mejorar la sensación de felicidad en el trabajo?

1. Favorecer relaciones interpersonales positivas.
2. Desarrollar control en actividades y autonomía.
3. Contar con el apoyo y la consideración de los supervisores.
4. Tener oportunidades de ocio y recuperación.
5. Obtener reconocimiento de los logros obtenidos.
6. Tener una carga de trabajo manejable y con objetivos definidos.
7. Lograr un equilibrio entre la vida laboral y la personal.
8. Ser proactivo en el ajuste al puesto de trabajo.
9. Encargarse de tareas variadas y contar con oportunidades para el desarrollo.
10. Utilizar el sentido del humor y expresar emociones positivas.

El cerebro trabaja mejor y es creativo en un ambiente de emociones positivas. La cordialidad se copia. En el trabajo es necesaria la retroalimentación de quien supervisa y de quien acota ideas. Una mejor actitud, evita un mal día laboral.

SER FELIZ HACE UN CEREBRO
MENOS REFLEXIVO

Las emociones pueden cambiar nuestra percepción de la realidad social. Por ejemplo, estar contentos nos puede llevar a aceptar aspectos que otro estado de ánimo no lo permitiría, en especial, tolerar las mentiras. En forma directamente proporcional a un mayor estado de felicidad solemos aceptar lo más inverosímil o incluso podemos ser parte de procesos que después pueden generarnos molestia o arrepentimiento. Tener conductas cercanas a la felicidad contagia socialmente, disminuyen el estrés y la ansiedad. Ser feliz nos acerca a un mejor estado de salud mental y física pero tiene algunos efectos que no hay que perder de vista.

La región inteligente del cerebro: la corteza prefrontal

El cerebro lógico, congruente y objetivo está ubicado en la corteza prefrontal, la región que se encuentra en nuestra frente, por arriba de los ojos; es el sitio de los frenos e inteligencia de nuestra cotidianidad. Esta corteza prefrontal es la que nos ubica, otorga a nuestra vida la lógica, ya que ajusta con el tiempo plenamente lo real y ayuda a la toma inteligente de nuestras decisiones. La corteza prefrontal termina de madurar en las mujeres a los 21 años, en lo varones a los 26 años, esto explica en parte porque las mujeres llegan a la madurez intelectual a edades más tempranas comparándolo con los hombres. Este factor de madurez depende mucho de las hormonas femeninas, en especial el 17-ẞ estradiol, cuyo efecto en el cerebro permite una mayor y mejor conexión entre neuronas.

Cuando estamos felices, contentos o tenemos un estado de plenitud emocional que nos hace reír, nuestras neuronas generan un estado neuroquímico que puede llegar a ser nocivo a corto plazo: entre más felices somos, nos hacemos tolerantes conductuales, creemos las mentiras que nos dicen, solemos discutir menos y disminuye nuestro juicio analítico.

La dopamina inhibe la corteza prefrontal y excita al sistema límbico

Un neurotransmisor llamado dopamina es el responsable de generar una actividad que el cerebro interpreta como felicidad. Ante estímulo positivo externo que detone una sonrisa, las neuronas liberan dopamina y éstas cambian la forma de actividad de comunicación neuronal en patrones de frecuencia eléctrica que el cerebro interpreta con conductas positivas: felicidad, ánimo y sentimientos llenos de júbilo. La felicidad tiene un inicio neuroquímico que permite una modificación fisiológica en varias regiones cerebrales. La dopamina genera inhibición en algunas estructuras neuronales y al mismo tiempo sobreactiva otros sitios del cerebro. Es decir, este neurotransmisor tiene una actividad dual: activa regiones del sistema límbico como los ganglios basales, la amígdala cerebral y el hipocampo, dando como resultado una emoción sublime asociada a atención, procesamiento de sensaciones que se quieren repetir, que nos hace irreflexivos al grado de que no cumplir lo deseado nos puede llevar a la ira o la violencia. En paralelo, la dopamina inhibe la corteza prefrontal: el cerebro se queda sin frenos, se hace ilógico, impulsivo, cometemos errores o tomamos decisiones intempestivas.

Felicidad y emociones positivas en la vida

El proceso de la felicidad del cerebro rápidamente se desensibiliza. En otras palabras, la felicidad es corta, transitoria, pierde su efecto en minutos, el cerebro por su anatomía y neuroquímica no está capacitado para tener felicidades largas o permanentes. Lo que inicialmente nos hizo felices debe repetirse con mayor intensidad para lograr nuevamente la sensación, de lo contrario perdemos interés en ello. Por ejemplo, un buen chiste la primera vez nos genera una carcajada, pero paulatinamente, seguir repitiéndolo o conocer su final, disminuye nuestra respuesta, de esa manera, queremos escuchar más bromas o chistes buscando sentirnos bien, como al inicio. Nos acordamos de las cosas bellas de la vida, las queremos volver a repetir, a veces sin darnos cuenta de que ya hemos cambiado.

Pero este efecto puede llevarnos a diferentes experiencias y debemos prepararnos para ello. Un ejemplo de este proceso a largo plazo es el enamoramiento. En su inicio, el enamoramiento es una proyección de nuestros más íntimos deseos en el otro, el enamorado comete procesos irreflexivos y pensamientos ilógicos, acepta y permite conductas, mentiras que comúnmente no toleraría, sin embargo, poco a poco esto va disminuyendo. Después de la fase pasional e intensa, la expresión inteligente de la corteza prefrontal se va manifiestando vemos con claridad lo que hemos hecho y poco a poco aceptamos nuestra realidad. En conclusión, la primera parte del enamoramiento depende en mucho de la liberación de dopamina por parte de nuestro cerebro.

En la vida cotidiana podemos caer en trampas que nuestro estado de ánimo, la dopamina y la corteza prefrontal nos ponen. ¿Cuántas veces hemos comprado algo que no necesitamos? ¿Cuántas veces hemos detectado mentiras que preferimos no discutir?

En el neuromarketing se sabe que cuando un vendedor hace agradable lo que vende, gana sonrisas, induce una buena relación con bromas o amplifica las características del comprador, el resultado es una venta exitosa. En contraparte, cuando el comprador o cliente, se encuentra molesto o triste, se hace más analítico del producto, razona más el mensaje y la información, ¡es más difícil que compre algo nuevo!

Entre más felices decimos que somos, nuestro cerebro detecta menos las mentiras. Un pequeño engaño puede ser tolerado, cuando el estado de ánimo se acompaña de emociones positivas. El proceso es el mismo, nuestra felicidad disminuye el juicio que, en contraste, molestos nos arrebataría un terrible enojo al descubrir una trampa. Socialmente los cerebros suelen mentir a favor de ganancias inmediatas. Aceptar engaños nos puede posicionar en un mejor lugar, favorecer un ingreso o ser aceptado en un grupo. Sin embargo, esto puede generar molestias psicológicas en uno mismo, detonar en una autoreflexión negativa, porque la corteza prefrontal inicia el proceso de arrepentimiento. Sin embargo, en el momento que nos sentimos felices o interpretamos con agrado los resultados de aceptar la mentira, esto disminuye el estado de autoenfado y solemos tolerar. De esta manera, también el perdonar se hace más fácil cuando nuestro estado de ánimo se acompaña de sonrisas.

La filosofía griega indica que un objetivo esencial del hombre en este mundo es ser feliz. En este contexto, las Neurociencias proponen que ser feliz en la vida cotidiana es un proceso maravilloso cerebral transitorio que condiciona una disminución de nuestra inteligencia, para mejorar el papel social del hombre y que paradójicamente ayuda a capacitarlo.

FELICIDAD, ENOJO Y DESPERTAR TIENEN UN PUNTO EN COMÚN EN EL CEREBRO: LAS OREXINAS

Las orexinas (también llamadas hipocretinas) son hormonas proteicas que se sintetizan en el cerebro en las regiones que generan liberación de dopamina, el neurotransmisor de la felicidad. Por lo que también están relacionadas con las sensaciones de bienestar, de emociones positivas como sonreír y un buen estado de ánimo. Este proceso está relacionado con el horario de comer, dormir y adaptaciones al estrés. Las orexinas fisiológicamente están involucradas en diversos eventos cotidianos que van desde generar la sensación de tener hambre (junto con la insulina y leptinas regula la glucosa en la sangre), sensación de felicidad (emociones positivas), modular los ciclos sueño-vigilia (ritmos circádicos) y la termogénesis (generar calor en el cuerpo asociando su actividad a la hormona tiroidea), pero también de sentirnos enojados si no tomamos un alimento, no dormimos bien o estamos en tensión psicológica constante.

Un incremento de orexinas independientemente del horario nos hace tener hambre, que al comer, procesan felicidad y satisfacción. Las orexinas son responsables de despertarnos por la mañana. Al despertar, son las responsables de tener apetito, por ejemplo. Dormir disminuye las orexinas: de esta manera, si se quiere bajar de peso con un adecuado régimen dietético, dormir adecuadamente ayuda a recuperar la línea que se desea. Una noche de desvelo produce al día siguiente entre muchos eventos: somnolencia, enojo, mucha hambre y un incremento en las percepciones auditivas y sensoriales; sensaciones que se nos quitan al comer y al dormir. El estrés sostenido puede inducir hambre porque, entre muchas cosas, las orexinas se incrementan avisando que tenemos que comer más para mantener un aporte de glucosa al cerebro para mantener la atención.

Las regiones cerebrales involucradas en el proceso que generan la felicidad y el enojo son prácticamente las mismas en el sistema límbico: la amígdala cerebral, el núcleo accumbens, el área tegmental ventral, así como el hipotálamo y los ganglios basales asociados a la corteza prefrontal y al giro del cíngulo. Todas estas estructuras están en íntima relación con la dopamina y las orexinas, ya sea liberándolas o porque tienen receptores para estos neuroquímicos.

Una alteración en el hipotálamo puede inducir narcolepsia (incremento de sueño), cambios en el peso (obesidad), personalidad irritable, hasta epilepsias de difícil manejo. Dentro de las muchas posibles causas de esto, las orexinas están involucradas en el proceso de inicio y mantenimiento de los síntomas.

La sensación de felicidad ante buenas noticias, una adecuada relación social, una risa que dure minutos, incrementan los niveles de orexinas en nuestro cerebro. La disminución de estas hormonas se relaciona con depresión.

Quedarse inmóvil ante un ataque de risa (semejante a la cataplejía) es semejante por momentos a la manifestación clínica de la narcolepsia. En ambos casos las orexinas están aumentadas en el hipotálamo y la corteza cerebral. Un aspecto semejante sucede cuando tenemos ataques de ira, las orexinas también se incrementan en el cerebro.

En las adicciones a cocaína, anfetaminas, alcohol, morfina y comida, las orexinas incrementan la necesidad de repetir las experiencias ya que fortalecen las conexiones neuronales en el sistema límbico y la corteza cerebral. Nuevos medicamentos que disminuyen la actividad de las orexinas pueden ayudar para dormir mejor, disminuir las adicciones o podrían utilizarse en el control de la obesidad.

Las orexinas incrementan también el apetito sexual y la motivación del orgasmo. Incrementan la liberación de dopamina e inhiben la de serotonina durante la motivación sexual.

En la frase: "del amor al odio hay un paso", hoy podemos decir que en parte la anatomía y neurofisiología le otorgan un poco de verdad: la dopamina es liberada en forma muy rápida en el enojo, más lenta en el amor y muy poco o apenas perceptible en el hambre. Atrás de la liberación de dopamina que relacionan el enojo/ la felicidad/ y el hambre, están también las orexinas.

Finalmente, algunos alimentos ponen muy contento al cerebro humano, es el caso de ingerir líquidos con densidad semejante a la crema o la leche (helado, budín o yogurt); inducen sensaciones relacionadas con la felicidad, disminuyen la tristeza y relacionan la experiencia a recuerdos de la infancia. Comer poco a poco un helado permite una emoción de alegría, el cerebro libera dopamina y modula la conducta a partir de las orexinas. Por eso, cuando los bebés o niños lloran, suelen tranquilizarse con los alimentos dulces. En la etapa adulta, algunos recuerdos que nos deja la infancia nos tranquilizan: comer un helado nos relaja y nos puede ayudar a sentirnos felices.

PARA SER FELIZ: 4 EVENTOS FUNDAMENTALES QUE EL CEREBRO HACE

En la búsqueda para sentirnos mejor, a veces debemos iniciar después de un momento incómodo, o al terminar una discusión que nos ponga en una posición social difícil o después de una crisis de enojo y la necesidad de justica, activar áreas cerebrales que busquen la felicidad. Tal condición por demás contradictoria puede sacarnos de un proceso ansioso, melancólico o depresivo. Las áreas cerebrales que generan felicidad son las mismas que inducen tristeza, culpa, enojo, vergüenza y frustración.

1. Cuando se está en la crisis emocional, el cerebro debe hacer y contestar un par de preguntas:

- ¿Cuál es la causa por la que me siento así (triste, enojado, incómodo)?
- ¿Me siento culpable o me siento avergonzado?

El orgullo, el enojo, la culpa y la vergüenza activan circuitos neuronales que nos hacen poner atención, generan conductas poco pensadas que buscan una recompensa inmediata, la cual si se obtiene genera felicidad.

¿Qué tienen en común llegar tarde a una cita sumamente importante por estar en el tráfico vehicular o haberte perdido? ¿Olvidar una promesa? ¿Que te cachen en medio de la intimidad en un sitio inapropiado? ¿Que te regañen frente de tus amigos o compañeros? Respuesta: la secuencia de activación del cerebro, la corteza prefrontal modula la activación de la amígdala cerebral (que origina la emoción), la ínsula que identifica dolor, odio y aversión, activando el núcleo accumbens que libera dopamina, y el que exige el final feliz de todas las historias de nuestra vida. Esta secuencia de funcionalidad anatómica la generan el orgullo, la culpa y la vergüenza, que están atrás de todos los procesos de querer ganar o disminuir dolor. Este proceso lo aprende el cerebro, por eso estas emociones tienen en el fondo un proceso de aprendizaje: buscar siempre una recompensa, una ganancia secundaria en la adversidad.

Preocuparnos (un proceso de activación de atención anticipada a muy corto plazo) también activa este sistema. Esto hace que el cerebro se sienta mejor cuando lo hace, disminuye su tensión y autofrustración. No es malo preocuparnos por periodos cortos; nos hace competitivos. El problema radica en que si nos preocupamos por más de 90 minutos por un problema, esto genera tensión que a su vez activa sistemas hormonales que pueden ser contraproducentes para el cerebro. Una preocupación es una activación constante de la corteza prefrontal tratando de dar lógica a la emoción que nace del sistema límbico.

Cuando decimos "lo siento", sabemos agradecer, o reconocemos la falta, el cerebro libera dopamina y serotonina, generando también relajamiento, bienestar y sensación de certidumbre. El giro del cíngulo interpreta mejor la emoción y procura mantener una adecuada interpretación del entorno. La corteza prefrontal aprende a sentirse feliz con esto. Cualquier explicación nos dejará más tranquilos, aunque sea una mentira. Por eso a veces funciona la explicación si escuchamos lo que queremos escuchar por parte del ofensor.

2. Conocer e interpretar los sentimientos negativos nos hace más felices

Es necesario etiquetar una emoción: enojo, tristeza, ansiedad, asco.

Otorgarnos una explicación de las cosas permite al cerebro entender la emoción. Si vemos una cara (se activa la amígdala cerebral), sabemos qué emoción tiene la persona (activación del giro del cíngulo), la etiquetamos para nunca olvidarla (corteza prefrontal). Por eso, entre más conocemos las emociones, la corteza prefrontal disminuye la activación de la amígdala cerebral, controlando mejor las emociones. Ponemos más atención o evitamos generar tensión.

Cuando el cerebro no entiende las emociones que ve, no puede etiquetarlas y esto activa al sistema límbico generando sensaciones de miedo o enojo.

Un cerebro feliz evita emociones negativas. Si están presentes, las entiende y tratará de evitarlas o controlarlas. Es un proceso de madurez cerebral. Nadie que tiene una adecuada salud mental busca emociones negativas para convivir. Si lo hace, existe un trastorno de la personalidad. Un cerebro asertivo puede hacernos más adaptables, capaces de encontrar mejor lo que buscamos, aunque a veces decir lo que queremos a otros no les guste tanto y puedan descalificarnos por ello.

3. Toma la mejor decisión: la inteligencia del cerebro

Una buena decisión nos acerca a la felicidad, varias decisiones importantes nos otorgan seguridad, aprendizaje y pueden ayudarnos a cambiar cómo vemos el mundo.

Tomar una decisión (buena o mala) hace que el cerebro aprenda. La madurez radica en entender los resultados de ella y afrontarlos. Sin embargo, decidir y tomar determinaciones ayuda al cerebro a quitar tensiones. Es una activación cada vez más de la corteza prefrontal, la cual madura y conecta más neuronas. Buscando superar cada vez más decisiones previas a través de comparar, buscar contrastes; el hipocampo es la estructura neuronal que hace con eficiencia esto. La activación de los ganglios basales es lo que hace que estemos pensando varias veces el problema, dando diferentes respuestas y al mismo tiempo quitando objetividad, es decir, es el proceso de estar dándole vueltas al mismo problema. Este evento es la búsqueda básica de disminuir la dopamina, eliminando al sistema límbico, jerarquizando decisiones.

No obstante, esto nos puede hacer perfeccionistas, competitivos y escrupulosos. Entenderlo nos puede hacer atenuar en algunas ocasiones la tendencia obsesiva. Es gratificante tener la razón.

4. Tocar a la gente nos ayuda a ser sociables: principio básico de la felicidad

Las personas que saludan, abrazan o tocan a los demás refieren sentirse mejor ante problemas. Las parejas que más besos se dan y se abrazan, indican mayor apego. El reconocimiento a tu labor, a tu persona puede cambiar la forma de ver las cosas, a ser tolerante o proactivo. Si esto se acompaña de un fuerte abrazo, saludo o beso, el proceso se logra más rápido.

Los circuitos del dolor y la ansiedad disminuyen su activación con oxitocina, entre más abrazos y toque corporal, el proceso se facilita. Disminuye la sensación de preocupación y el sentido de pertenencia nos hace más dóciles, disminuye la agresión e incrementa la sanación de apoyo al grupo. Estudios muestran que si a una persona que sabe que viene un dolor se le tocan las manos, disminuye las áreas cerebrales que lo procesan. Anticiparnos al dolor hace que éste sea más fuerte, pero sentirnos abrazados y protegidos reduce sus efectos negativos, se activa menos la corteza insular.

Cinco abrazos al día por un mes nos hacen más felices. La serotonina aumenta un 30% y la dopamina un 60%, la oxitocina un 75%. Las endorfinas son más fáciles de liberar. Mejora el sueño, disminuye la fatiga, reduce la tensión, disminuye la depresión y reduce la tristeza, el cortisol prácticamente desaparece. Por eso un mensaje, un emoticón o una palabra escrita a veces no es suficiente. Necesitamos del abrazo de quien nos quiere.

Por eso es importante recordar, ante un estímulo negativo: etiquetemos la emoción y demos una explicación; éste puede hacernos agradecer por aprender algo nuevo. Saber agradecer nos hace dormir mejor. Dormir bien disminuye el estrés, nos hace aprender más, disminuye el dolor y mejora el estado de ánimo. Una mejor condición de vida nos permite tomar mejores decisiones lo cual disminuye la ansiedad. Favorece el proceso de sentir placer. El que tiene placer agradece, disfruta más y socializa mejor, lo cual todo junto ayuda a ser más felices.

CAPÍTULO 8

Memoria y cerebro

10 ELEMENTOS BÁSICOS PARA UNA MEJOR MEMORIA

Olvidar una cita, no recordar la clave secreta de la computadora, no encontrar una llave u omitir un dato específico para un examen en el momento, suele preocuparnos y definir que a partir de ese instante nos está fallando la memoria. Sin embargo, la gran mayoría de estos eventos son por falta de atención, situaciones estresantes o tensión psicológica.

Si bien nuestra memoria es limitada y es necesario olvidar para aprender, es necesario reconocer que la memoria refleja el estado funcional del cerebro: 80% de la población aqueja pérdida de la memoria alguna vez en su vida. La memoria demanda conexiones anatómica y modulación neuroquímica como pocas funciones cerebrales lo hacen. La capacidad de memoria cerebral depende de la edad, de cambios hormonales, del estado de ánimo, del cansancio y de si nuestro cuerpo tiene alguna enfermedad o en su defecto si tomamos algún medicamento. Asimismo, la actividad de memorizar depende de la estimulación en edades tempranas del cerebro, alimentación de la madre antes de que nazca su hijo y de elementos culturales y psicológicos del entorno de donde se aprende y del momento en que se pide el recuerdo. No es lo mismo recordar experiencias bajo tensión, con ansiedad y obligado por las circunstancias, a emanar el recuerdo producto de nuestra memoria ante un bello atardecer y la tranquilidad del momento.

El cerebro humano tiene diversas formas para memorizar. La edad entre los 8 a 21 años es la de mayor capacidad de memoria en la vida, etapa en la que la acetilcolina, el neurotransmisor involucrado en el proceso, tiene mayor síntesis y el cerebro tiene una mejor capacidad de atención. En promedio, después de los 30 años administramos mejor los procesos básicos de memoria en nuestro cerebro, filtramos con más eficiencia los elementos para aprender, aunque en ocasiones, solemos olvidar algunos detalles. A lo largo de la vida perdemos muchas neuronas, esto es un proceso fisiológico que tiene el cerebro, lo cual es muy evidente después de los 40 años, lo anterior tiene un impacto negativo en la memoria. Sin ser una enfermedad, la mayoría de los seres humanos prefieren retener menos información reciente porque la experiencia lo compensa. Entre los 50 a 60 años, la memoria es precisa en los detalles que más utilizamos cotidianamente, pero al cerebro le cuesta más tiempo aprender nuevas cosas.

En el campo de las neurociencias, la memoria ha sido subclasificada:

De la memoria implícita, aquella que se da por copiado, depende el hablar algunos monosílabos en nuestro lenguaje, caminar o aprender pasos de baile. Solemos asociar eventos y simples duplicado de expresiones sin reglas. Por ejemplo, en nuestra memoria está el andar en bicicleta sin saber leyes de la física. El cerebro utiliza varias áreas para este efecto: corteza cerebral, ganglios basales, tallo cerebral e incluso médula espinal.

La memoria explícita es la de la escuela y la del esfuerzo por aprender. El cerebro memoriza por efecto de estudio, de análisis. Esta memoria depende de reglas gramaticales. Para llevar a cabo esta memoria utilizamos mucho la parte más inteligente del cerebro: la corteza cerebral y el hipocampo, en menor grado los ganglios basales.

La memoria de trabajo es aquella que el cerebro ocupa para utilizar en pocos segundos o minutos. Si no hay interés en retener esa información se olvida. Esta memoria utiliza al hipocampo y la corteza prefrontal dorso lateral.

La memoria a largo plazo es aquella cuyo almacenamiento perdura, es la última que se pierde ante enfermedades crónico-degenerativas, como en la demencia senil o la enfermedad de Alzheimer.

Aprender, memorizar y recordar necesitan de cambios anatómicos, hormonales y moleculares. Cada vez que aprendemos algo, es necesario formar nuevas conexiones entre neuronas y mantenerlas, por eso es necesario formar nuevos receptores, membranas y contactos químicos que sean estables. Las emociones son amplificadoras o reductoras de la memoria.

Un efecto positivo, una sonrisa, la sensación de felicidad o un clima relajado incrementan la atención. En contraste, el estrés, la tristeza o el miedo disminuyen la memoria.

¿Qué ayuda a la memoria? Sin llegar a determinismos, ni listas complejas o recetas banales, las recomendaciones que pueden ayudar a mejorar la memoria son las siguientes:

1. Jerarquizar la importancia de lo que hay que recordar: motivarse objetivamente a que no todo es importante ayuda a discernir los detalles.

2. No realizar tareas complejas si no hay experiencia previa: la atención dividida disminuye la espontaneidad y la atención.

3. Evitar privarse de sueño. El sueño ayuda a consolidar memorias hasta de 48h de haber sucedido. Dormir más de 6 h se asocia con una adecuada síntesis de neurotransmisores, receptores y hormonas.

4. Entrenar constantemente la memoria de trabajo: analizar detalles, poner atención en números telefónicos. Leer más de 20 min al día.

5. Dieta adecuada: en especial proteínas, las cuales son fundamentales para el aprendizaje de cerebros a edades tempranas.

6. Respirar profundamente por 5-10 min ayuda a oxigenar al cerebro y cambiar la actividad neuronal.

7. Reforzamientos positivos que liberen dopamina: consentirse a uno mismo mejora la atención y la memoria.

8. Romper rutinas o ciclos negativos reduce el estrés, ayuda a poner interés y atención. Hacer malabares, realizar un ejercicio aeróbico ayuda mucho.

9. Repetir en forma aguda 7 veces/min: el tálamo, hipocampo y la corteza prefrontal se activarán en secuencia con mayor eficiencia. Lo cual produce una mejor
atención y memoria a consolidar.

10. Evitar drogas para forzar la memoria (café, cigarro,
alcohol). Cambian el ambiente químico neuronal, no
son recomendables.

DECÁLOGO COTIDIANO PARA HACER MÁS INTELIGENTE A NUESTRO CEREBRO

La inteligencia no es un proceso estático o una habilidad cerebral inmodificable. Algunas cosas pueden hacer que conectemos más neuronas entre distintas áreas cerebrales.

Áreas como la corteza cerebral que toman decisiones (prefrontal, parietal, temporal) están en continua comunicación con áreas relacionadas con emociones (amígdala cerebral y giro del cíngulo), memoria (hipocampo, cerebelo) y percepción del horario (hipotálamo).

No es lo mismo recordar detalles a las 10 am que a las 8 pm. El metabolismo, glucosa y temperatura cambian, modificando la atención y en consecuencia la inteligencia.

Recordar, analizar, adaptar y proyectar son los elementos que nos hacen inteligentes. Un cerebro cansado, enojado, con hambre y en monotonía disminuye hasta en un 20% su capacidad de inteligencia.

¿Qué se sugiere para hacer que nuestro cerebro se conecte mejor? En la cotidianidad es posible hacer que la neuroquímica y la anatomía funcionen para hacer mejores ecuaciones y tomar decisiones con mejor proyección:

1. **Saber utilizar el tiempo:** dar importancia y adecuado cuidado a los tiempos dedicados a las actividades cotidianas. Sin correr, pero al mismo tiempo saber el tiempo que cada cosa, decisión o análisis necesita. El hipotálamo ayuda en este proceso. Saber tener tiempo, no tener prisa y, sobre todo, saber que se controla el reloj de una manera cómoda ayuda al cerebro.

2. **Escribir de propio puño lo que se aprende:** escribir en computadora, tableta o teléfono, disminuye la capacidad de atención y memoria en un 30% en relación a si lo hacemos con la mano. Escribir un resumen, sintetizar la idea o esbozar las palabras precisas al final de una sesión es el proceso que ayuda a dominar las cosas (¡¡el hipocampo se activa más!!).

3. **Hacer una lista de lo hecho y una de lo que falta:** saber el resultado del esfuerzo motiva, liberamos dopamina, ayuda a sentirnos bien y apoya la autoestima. Saber que se puede terminar una lista posible nos hace muy eficientes. Ser eficiente ayuda a tomar mejores decisiones. La corteza prefrontal y el sistema límbico se llevan bien en este proceso.

4. **Armar rompecabezas:** pensar palabras, formar frases, adelantarse a un enunciado, jugar ajedrez o un juego de mesa con estrategia son procesos cerebrales de atención y actividad constante. Hacer estos juegos hace que el cerebro conecte más neuronas en el área CA1 del hipocampo y núcleos del cerebelo relacionados al lenguaje.

5. **Tener amigos inteligentes ayuda a la inteligencia:** un jefe, compañero o ayudante con inteligencia ayuda a resolver problemas, nuevas soluciones o encontrar más rápido un objetivo. Los inteligentes ayudan a aprender algoritmos, palabras, análisis, experiencia. Este proceso de copiado psicológico ayuda al cerebro a tomar mejores decisiones, a tener seguridad. Es el fortalecimiento de la corteza prefrontal y los ganglios basales, una actividad neuronal que nunca se va a perder.

6. **Leer ayuda en forma proporcional a ser inteligente:** la capacidad de memorizar activa áreas neuronales para proyectar, para ser creativo y fortalecer áreas cuyas conexiones pueden mejorar la capacidad de recordar. Leer mucho se relaciona a hipocampos, áreas relacionadas al lenguaje como Broca y Wernicke están más conectadas.

7. **Si el cerebro explica a otros, se hace más inteligente:** esforzarse para sacar conclusiones, analizarlas, decirlas y diseñar un modelo para que se repita la información y explicarla es un proceso muy activo cortical, creativo y dirigido. Decir un concepto a su mínima expresión reditúa en un manejo y control de la información, esto hace a un cerebro más conectado y seguro.

8. **De vez en cuando, resolver al azar ayuda a la creatividad:** problemas inmediatos, experiencias inesperadas, acontecimientos que demandan mucha atención ayudan al cerebro a conectarse rápido. El estrés agudo en el varón maneja mejor el estrés agudo en comparación al cerebro femenino. Cualquiera que sea el proceso, activa al cerebro en general, modificando el ambiente bioquímico. Esto ayuda al cerebro al aprendizaje de nuevas formas de conectarse.

9. **Un nuevo idioma y su importancia:** aprender un nuevo idioma, palabras, semántica y prosodia permiten al cerebro conectar áreas que a su vez ayudan a mejorar la atención. Este evento ayuda a cualquier edad, desde la infancia hasta la madurez de los 50 años o más. Las mujeres pueden hablar un segundo

idioma más rápido y con mayor eficiencia que un varón. Un cerebro que se esfuerza por hablar un nuevo idioma y probar su éxito de comunicación lo satisface de una manera distinta a cualquier proceso social.

10. **Saber tomar un descanso:** tomar unas vacaciones, un fin de semana, una hora después de un gran esfuerzo, permite al cerebro incrementar dopamina, endorfinas y oxitocina. Un premio ayuda a sentirse mejor. Un descanso a tiempos adecuados ayuda a mejorar la memoria en los momentos más críticos. Las mejores decisiones se toman después de un merecido descanso. Las mejores interacciones en una oficina caótica pueden darse a la hora de la comida, en una fiesta o simplemente relajándose en equipo. Un cerebro que descansa y rompe rutinas es un cerebro más adaptado a la atención y a la memoria.

La memoria tiene capacidad limitada: si 7 elementos se almacenan y la información se organiza en secuencias lógicas la información tiene sentido.

Si queremos aprender más de 7 conceptos, ideas o números al mismo tiempo la memoria disminuye en su eficiencia.

Dividir en 7 facilita la memoria, por ejemplo:

SUPERCALIFRAGILISTICOESPIALIDOSO

El cerebro lo aprende mejor así: Súper Cali Fragi Listico Espi Ali Doso.

MEMORIA EMOCIONAL

Es común que no olvidemos la primera fiesta fuera de casa o visita al antro. Difícilmente se olvida la fecha de nuestros aniversarios importantes. Asimismo también es difícil olvidar la fecha de la muerte de un ser querido o cuando cortamos una relación. Esto se lo debemos a la memoria emocional.

Paradójicamente la memoria es la facultad que tiene el cerebro para recordar aquello que quisiéramos olvidar, es el reforzador negativo de algunas conductas.

Con un beso manifestamos las emociones, nuestros sentimientos. La emoción amplifica y genera recuerdos que son resistentes al olvido. El beso es uno de los mejores reforzadores de la memoria emocional.

Lo que nos conmueve, nos hace reír y nos genera placer incrementa el proceso de memoria; por ejemplo, asociar la voz con una cara, un olor con un sabor.

Memoria es el mantenimiento de la información a través del aprendizaje. Es el proceso de consolidación para recuperar información, para hacerlo objetivo.

Emoción es una reacción con fundamentos fisiológicos y psicológicos, en los diversos estímulos altera la atención y etiqueta las acciones.

Anatomía de la Memoria Emocional: Las estructuras cerebrales relacionadas son:

El hipocampo: es el sitio del cerebro de la memoria a corto y largo plazo. Consolida y emite información cotidiana a la corteza de lo aprendido. Es el índice de nuestra vida.

La corteza cerebral genera la inteligencia, proyección de las ideas, alcance de las palabras. Lenguaje social y matemático.

La amígdala cerebral: es ciega a la emoción, es decir, emite su acción sin analizar los hechos o medir consecuencias. Es la estructura cerebral responsable de generar lágrimas, enojo.

El giro del cíngulo: etiqueta las mociones, relaciona dolor y conductas.

El cerebelo: tiene memoria a largo plazo. Modula actividades motoras y lingüísticas de nuestra cotidianidad.

El hemisferio izquierdo está activo para adquirir aspectos lingüísticos, como los nombres de las personas. El hemisferio derecho está capacitado para reconocimiento espacial, por ejemplo los rostros de las personas.

Neuroquímica de la Memoria Emocional:

Serotonina: modula estado de ánimo, asco, irritación, náusea.

Noradrenalina: mejora la memoria, pone atención al riesgo, responde al peligro. Motiva e induce el metabolismo.

Dopamina: activa el centro de las emociones, es responsable de las locuras, las decisiones inmediatas, la felicidad extrema y la obsesión por la persona amada.

Acetilcolina: genera ciclos de activación neuronal, de núcleos subcorticales como el del nervio vago, que involucra actividad cardiaca, respiratoria y digestiva.

Endorfinas: si el proceso es positivo, genera liberación inmediata de sustancias relacionadas al placer.

Para qué sirve en la vida cotidiana la memoria emocional

El clima emocional influye en el proceso de adquisición de la memoria, que en ese momento le exige al cerebro. Se inicia una alerta neuroquímica así como una activación del sistema nervioso autónomo que explica el incremento de la actividad cardíaca asociada a miedo, ira o asco. Asimismo el clima emocional influye sobre una alarma neuronal que nos permite examinar, rescatar y asociar mejor la experiencia, es el inicio de las conductas ansiosas e impulsivas.

1. Dictar una orden justa para que se cumpla, garantizar la satisfacción de quien la emite y quien la realiza. La memoria emocional induce comportamientos inteligentes.
2. Conocer una emoción aguda ayuda a controlarla mejor.
3. La memoria emocional está involucrada en la elección de qué comer o comprar, precede a la conducta ante una situación determinada.

Otros tipos de memoria

La memoria implícita: aprendizaje de secuencias mecánicas. Una memoria de procedimiento es la que nos permite recordar aspectos sin pensar al ejecutarlos, como andar en bicicleta.

La memoria declarativa: es la que indica asociación de tiempo, personas o importancia, es más emotiva. Es la que permite recordar fechas importantes en nuestra vida, por ejemplo en qué fecha se conmemora el descubrimiento de América.

La memoria explícita o memoria emocional: está involucrada con cambios fisiológicos corporales como incrementar la tensión muscular, alegría o ansiedad, todo ello conlleva un incremento de la actividad neuronal en diferentes regiones del cerebro activado en forma secuencial. De la misma forma en que las neuronas aceptan un estímulo a partir de una sola entrada y no puede atender otro con la misma frecuencia, nuestro cerebro sólo puede responder sacando a la conducta un solo tipo de archivo. Sólo se permite tener un solo tipo de emoción.

LOS DISTRAÍDOS TIENEN MÁS NEURONAS

Las personas distraídas o que olvidan fácilmente un dato pueden tener un aspecto positivo: tienen más neuronas en su corteza cerebral.

Trabajos del Dr. Kasai Rota indican que aprender, poner atención y discriminar los datos de alguna información es un proceso altamente dirigido por varios módulos del cerebro. En especial, este proceso se encuentra en el lóbulo parietal.

En este momento de la era de comunicación inmediata, las redes sociales y el correo electrónico son los elementos que más distraen a una persona.

Un dato de distracción son los "lapsus" o periodos sin atención/memoria que suelen suceder al recibir mucha información, estar cansados o en eventos de mucha información.

Estudios de la Universidad de Londres indican que los individuos inteligentes con mayor volumen de sustancia gris cerebral son los que más se distraen. Es decir, entre más neuronas, somos más proclives a perder la atención momentánea.

Este proceso tiene una evolución en la vida, a medida que vamos ganando experiencia y la memoria va adecuando recuerdos, las neuronas van disminuyendo. Paradójicamente, entre menos neuronas, se puede poner más atención, aunque la memoria será más selectiva.

CAPÍTULO 9

Mitos y recomendaciones para un mejor cerebro

10 MITOS SOBRE EL CEREBRO

Te enamoras con el corazón o ¿con el cerebro?, ¿sólo ocupamos cierta capacidad cerebral?, ¿podemos ser más inteligentes con solo escuchar música?, algunos mitos hacen que nuestra cotidianidad tenga ciertos tipos de conducta que a veces cuesta trabajo explicar, aquí algunos mitos y una breve explicación por lo que no son ciertos.

1. ***Las neuronas NO se regeneran***: No obstante la diferenciación y especialización de las neuronas, se creía que las neuronas no se dividían. En el hipocampo, área especializada para la memoria y el aprendizaje, las neuronas se pueden dividir, proponiendo una de las paradojas

más hermosas en las neurociencias: el área que se encarga de guardar los recuerdos de la vida es la que puede regenerar neuronas. Por lo tanto, las neuronas si se regeneran pero en ciertas zonas del cerebro y bajo ciertos estímulos fisiológicos.

2. **Sólo utilizamos el 10% de la capacidad de nuestro cerebro:** El porcentaje de utilización del cerebro depende de la actividad que hacemos, cambia con la edad, el desarrollo y la atención a los procesos. Ambientes enriquecidos producen mejor conexión neuronal, la alimentación, dormir y una vida saludable ayuda a mantenerlo. En Estados Unidos se mencionó este falso porcentaje de utilidad, aparecido por primera vez en los escritos de Dale Carneige, autor de libros de autoayuda. Carneige citó mal un pasaje del psicólogo William James, quien en realidad había afirmado que utilizamos apenas una fracción del potencial del cerebro. Utilizamos más de ese 10% de actividad cerebral, pero en ciertos momentos, estimular más al cerebro puede no ser adecuado, puede conducir a patologías como la epilepsia.

3. **El efecto Mozart: la música de Mozart nos hace más inteligentes:** La actividad de la corteza cerebral puede modificarse al escuchar música con acordes específicos: la música de Mozart, Bach y Beethoven pueden hacerlo. Sin embargo, aunque estimulan, relajan, cambian la frecuencia de disparo neuronal y promueven conexiones neuronales, no incrementan la inteligencia: fomentan la atención. Lamento decir que el efecto Mozart no es tan eficiente como se ha dicho.

4. **Las mujeres, la misma conducta... siempre:** Las hormonas femeninas hacen que la mujer en la primera etapa de su ciclo menstrual tenga mejores procesos atentivos, memoria, humor y conexión neuronal. Los estrógenos le permiten mejor contacto neuronal. Después de la ovulación, la progesterona, que modula el sistema de inhibición de la corteza cerebral impera, la mujer se deprime, duerme, reduce su atención, tiene más hambre y en ocasiones tienen una mayor labilidad emocional. Las mujeres cambian la atención y su conducta, esto depende en mucho de la etapa de su ciclo hormonal.

5. **Un susto puede causar diabetes:** La respuesta adrenérgica ante un susto o enojo fuerte es suficiente para incrementar la glucosa plasmática, inducir taquicardia, adaptar al organismo para la huida o la lucha. Sin embargo, no es posible indicar que por el hecho de un susto se cambie la liberación de insulina, modifique la utilización de glucosa y modifique la expresión de genes que el estilo de vida y alimentación lo han hecho por mucho tiempo. Con un susto es posible que la expresión de la diabetes se haga evidente, pero no es la causa directa. La diabetes mellitus tiene causas multifactoriales y no se puede atribuir a un solo evento.

6. **El cerebro aprende de los errores:** Tenemos neuronas que aprenden de los aciertos. En la corteza cerebral existen neuronas que integran el éxito y los algoritmos exactos. Tenemos también neuronas que se activan con los errores. Sin embargo, la interpretación

del error es amplificada por la emoción. Por ello, recordamos más un error y sus consecuencias, que un acierto y los pasos que lograron el acierto, es decir, el error enseña más por el reforzamiento negativo que genera una conducta y una emoción que nos hace aprender más rápido y en forma eficiente.

7. ***Repetir para un examen: una mejor memoria:*** La tensión y estrés crónico hace perder la atención. Una excitación emocional incrementa la acumulación de detalles importantes en la memoria de largo plazo. La tensión nerviosa induce la liberación de adrenalina y dopamina que actúan sobre el hipocampo y la amígdala para reforzar la memoria. La tensión crónica, por el contrario, puede dañar el hipocampo y dar lugar a pérdidas permanentes de memoria. Una forma de revertir la ansiedad, es repetir lo que se quiere aprender, dando certidumbre y favoreciendo el aprendizaje, sin embargo, el estrés es el principal factor que inhibe la memoria. Por lo tanto, para estudiar, primero eliminemos las fuentes de estrés.

8. ***Envejecer te hace más enojón:*** La capacidad de dopamina disminuye con la edad y los procesos hedónicos son más selectivos por los filtros neuronales corticales. La actividad del sistema límbico disminuye, atenuando los procesos en la conducta. En general, las personas en la senectud responden con una mayor propensión a cuestionamientos de ser felices comparado con los jóvenes. Un cerebro viejo libera menos factores químicos para ser feliz, es una adaptación a la vida, se hace más exigente, no más gruñón.

9. **Todas las drogas tienen el mismo poder adictivo:** El poder de adicción de una droga es mayor en la medida que involucre selectivamente a ciertos receptores de dopamina. Si utiliza otros sistemas químicos cerebrales el poder adictivo cambia. La cocaína es más adictiva que el tabaco y el alcohol; la marihuana utiliza el sistema de la anandamida, es menos adictiva; la heroína activa el sistema opioide cerebral y su mecanismo de acción en el cerebro es diferente. El poder adictivo de cada droga depende de su dosis y de los mecanismos que tiene el organismo para eliminarla, además, la edad y sexo de quien la consume influyen en el proceso de adicción. Por lo anterior, no todas adicciones son las mismas y por lo tanto, los principios para el manejo y atención de un paciente con adicción deben ser distintos y especializados.

10. **Te amo con todo mi corazón:** El amor es una interacción directa entre la liberación de dopamina, endorfinas. Comunicación directa entre el sistema límbico y la corteza cerebral. Amamos con el hipotálamo, etiquetamos nuestro cariño con el sistema límbico, memorizamos los besos en el hipocampo, sentimos caricias con el lóbulo parietal, se nos va la parte inteligente, la corteza prefrontal del cerebro, entre más enamorados estamos, tomamos decisiones terribles y sin lógica. La amígdala genera conductas, los ganglios basales interpretan gestos y ademanes. La ínsula responde a las emociones inmediatas. El VTA y el cíngulo se excitan y finalmente el lóbulo temporal asocia las palabras, la música y prosodia. El corazón no realiza estos procesos, amamos y sufrimos con el cerebro.

15 COSAS QUE PODEMOS HACER PARA MEJORAR EL CEREBRO

1. Comer menos alimentos adictivos

Comer helado, chocolate y papas fritas tiene algo en común en el cerebro: incrementar la dopamina, el neurotransmisor responsable de la felicidad; estos son los alimentos que más rápido generan adicción. Desde la infancia descubrimos que comerlos nos genera mucho placer. Sin embargo, después de los 30 años de edad, el metabolismo se hace lento, tendemos a subir más rápido de peso, aun a pasar de hacer mejores dietas o más ejercicio. Comer estos alimentos que generan adicción tiene el problema de ganar calorías fácilmente, y en la etapa adulta subimos más rápido de peso. Por eso, aunque nos den felicidad, es necesario saber controlar su ingesta, nuestra salud lo agradece.

2. Un café para el cerebro: menos demencia senil

Estudios recientes indican que tomar de 2 a 3 tazas de café al día disminuye la probabilidad de padecer Alzheimer, enfermedad que se caracteriza por olvidar los hechos más recientes de la vida. La cafeína, que es el químico activo del café, incrementa la actividad neuronal. Un buen hábito puede ser tomar café gradualmente, sin exagerar, sin caer en la adicción, para activar nuestras neuronas.

3. El ejercicio cambia positivamente al cerebro

Realizar actividades aeróbicas con regularidad incrementa la función cardiovascular, muscular y hormonal, además de que se oxigena mejor al cerebro. Se produce un estado neuroquímico fascinante, incrementa las endorfinas, dopamina, factores de crecimiento y la anandamida, lo cual nos permite estar felices, nos cambia la actitud a un estado positivo de felicidad y nos disminuyen los dolores. Hacer ejercicio en forma rutinaria incrementa la atención, la memoria y el aprendizaje. Una persona que corre, baila o hace aerobics tiene una mayor conexión entre sus neuronas.

4. Reír más para dormir mejor

Las personas que ríen más tienen una mayor cantidad y calidad de sueño reparador, el sueño que nos hace descansar. Soñar también contribuye a mejorar la memoria, nos garantiza aprender más. Reír tiene efectos a corto plazo: una sesión de risas antes de dormir genera un relajamiento intenso, garantiza entrar más rápido al sueño MOR... es más fácil llegar a los sueños. Reír por las noches tiene muchos impactos positivos: disminuir la tensión, cambiar la liberación de sustancias neuroquímicas estresantes y ayudar a envejecer menos. Además de contribuir a iniciar el siguiente día con mejor actitud.

5. Flavonoides para las neuronas para que se conserven jóvenes y funcionales

Las moléculas denominadas flavonoides son abundantes en el vino, las verduras, las frutas, el café, chocolate, en las infusiones para preparar té. Estas moléculas capturan radicales libres, es decir retrasan el envejecimiento. Además de incrementar nuestro sistema inmunológico en su función y otorgar más sangre al cerebro. Estudios recientes indican que los flavonoides favorecen la recuperación en procesos de lesiones cerebrales y mejoran la actividad de memorizar. Un copa de vino, un té o comer arándanos o fresas tienen efectos benéficos en el cerebro.

6. Meditación para mejorar la actividad neuronal

Meditar tiene efectos muy benéficos e irreversibles en el cerebro. Realizar una meditación de 30 a 40 minutos al día gradualmente disminuye la actividad de las áreas cerebrales relacionadas con la agresión y la violencia. Estudios de resonancia magnética han demostrado que personas que promedian entre 5 a 8 años de meditación han logrado disminuir de tamaño de la amígdala cerebral, estructura del cerebro que inicia las conductas de enojo, asco y violencia. Es decir, meditar otorga a nuestro cerebro tranquilidad, un mejor estado de ánimo y modificar la anatomía para ser más tolerantes ante la adversidad social.

7. Hacer buenos hábitos le toma su tiempo al cerebro

Un buen deseo que se convierte en un excelente hábito lleva un proceso de construcción de 28 a 30 días para consolidarse en nuestro cerebro. Decidir cambiar nuestra actividad no depende del deseo, depende de hacerlo y estar convencidos de lograrlo. Llegar al éxito programado tiene necesariamente un cambio cerebral. Las decisiones de bajar de peso, aprender otro idioma, regresar a los estudios, provocan cambios en las comunicaciones neuronales, en forma gradual y progresiva. Si hay una retroalimentación positiva el proceso se favorece, sin embargo, el cansancio, la aparición de otras necesidades, el olvido o las críticas negativas, hacen olvidar el objetivo inicial. Entre más repiten una actividad con emoción positiva se conectan más neuronas con mayor eficiencia, después del día 28, el proceso es irreversible, el hábito se logra. Las redes neuronales funcionan con eficiencia. Es decir, un hábito depende de un periodo crítico, saberlo llevar permitirá consolidarlo.

8. Aprender, aprender y aprender: hace funcionar mejor al cerebro

Un proceso que se realiza como leer, analizar y recordar hace que el cerebro siempre esté conectado. Entre más se ocupan las neuronas, éstas responden conectándose más entre sí. Aprender 3 cosas al mes garantiza un cerebro muy activo, jovial y dinámico. Un nuevo reto produce aprendizaje, el cual ya no se pierde. Independientemente de la edad, el cerebro puede seguir aprendiendo, evidentemente lo realiza más rápido en la infancia, sin embargo este proceso madura y puede hacerse más eficiente en los adultos. Un cerebro que aprende difícilmente se enferma. Los viajes, nuevos sabores, conocer personas, resolver problemas tienen un resultado favorable: conectan mejor al cerebro y en consecuencia otorgan una capacidad para mejorar sus decisiones.

9. Fumar menos para vivir más

El cerebro es uno de los órganos que recibe con mayor impacto negativo el efecto del tabaquismo. Fumar produce un compuesto, la carboxihemoglobina, el cual en la sangre tiene efectos negativos que repercuten en todo el organismo, sin embargo a nivel neuronal disminuye la vida de estas células. Fumar de 2 a 3 cigarrillos al día durante un año es capaz de reducir hasta 10 años la vida del cerebro. El proceso es irreversible. Todos los días en forma natural perdemos entre 5 a 15 mil neuronas, una persona que fuma hace que esta pérdida sea de 30 a 70 mil neuronas.

10. Abrazar más para una mejor salud

Abrazar, besar, saludar, tener un orgasmo tienen efectos semejantes en el cerebro: liberar oxitocina. Esta hormona es la que produce la sensación de apego. La oxitocina disminuye la ansiedad, el estrés. Tener niveles elevados de oxitocina nos hace decir más la verdad. Nos hace sociables, nos quita la expresión de irritabilidad. Un hábito necesario en la vida es abrazar y besar más, nos garantiza una mejor salud mental.

11. Enojarse menos y jerarquizar los problemas: un cerebro más sano

Enojarnos no es malo pero prolongar el enojo, sí. El cerebro está capacitado para reaccionar con irá ante lo adverso, ante la injusticia o ante una amenaza. Un problema común que solemos hacer es prolongar el tiempo de nuestra molestia, haciendo un proceso crónico. Esto modifica nocivamente la neuroquímica cerebral y las conexiones neuronales que a largo plazo pueden ser perjudiciales. Algunas vías neuronales se sobreactivan predisponiendo un estado de hipervigilancia, estrés y molestia, prevaleciendo un estado en que se considera que todo es una amenaza constante. Por lo tanto, es mejor jerarquizar nuestros problemas, atender lo que sí es necesario y saber diluir con el tiempo. No todos los problemas en la vida tienen la misma importancia. Es necesario focalizar lo necesario. Es decir, es preciso escoger nuestras batallas. Un cerebro maduro y sano sabe cuándo es importante enojarse y cuándo atenuar.

12. No te lleves trabajo a casa: saber descansar es la base de una buena salud mental

Trabajar en tiempo destinado al descanso es un desgaste nocivo para el cerebro. Utilizar las vacaciones o fines de semana para adelantar trabajo no nos hace más eficientes. Indica que no sabemos organizarnos. Sin embargo, en el fondo, el cerebro aprende a trabajar de esta forma y continúa su vida predisponiéndose a la depresión, al estrés crónico y a no disfrutar sus éxitos. Las personas que se llevan la oficina a la casa tienen antecedentes de problemas con la pareja o la familia y tienen un mayor riesgo a enfermarse. Descansar no es perder tiempo, es una necesidad.

13. El celular motivo de muchas discusiones: todo con medida

Sabemos comprar, personalizar, utilizar y manejar un teléfono celular, pero en contraste no sabemos separarnos de él, al menos nos cuesta mucho trabajo. Là gran mayoría de las personas suele contestar el teléfono en forma inmediata frente a un interlocutor, incluso interrumpir la conversación; el celular puede estar en el comedor o en la cama, procurando una comunicación con alguien en el ciberespacio o al menos dando entretenimiento. El principio neuronal de esto es básico: lo inmediato de las respuestas es lo que hace adictivos los teléfonos inteligentes. Paradójicamente lo que nos hizo comunicarnos con mayor eficiencia con el mundo disminuyó la atención interpersonal directa, esto motiva muchas discusiones entre las parejas y entre familia. La necesidad inmediata de reconocimiento, construir historias paralelas a nuestra vida, es atractivo para el cerebro humano. Sin embargo, el mundo virtual conectado por el celular tiene una vida efímera, por ejemplo una relación virtual por Facebook tiene un promedio de duración de 7 meses. Un teléfono celular emite tal radiación magnética y visual que repercute en la cotidianidad. Por ejemplo, 45 minutos de ver una pantalla de celular por la noche activa al cerebro y merma el descanso, disminuyendo la capacidad de atención y de relajación. El problema con la atención al teléfono celular es ser consciente de que nosotros debemos controlar su función, no lo contrario.

14. Una clave para ser libre: llorar cuando lo necesites y reír cuando sea posible

Disminuir la expresión de emociones o autoengañarnos no es adecuado. Algunos trastornos de la salud mental se inician con el desconocimiento de interpretar emociones. Llorar nos hace humanos, nos cansa, procesamos empatía y disminuye la tensión. Lloramos por necesidad. Reímos como consecuencia de sentir que manejamos una situación, de burla o de lo absurdo, sin embargo reír incrementa la motivación de la cotidianidad. Reconocer nuestras emociones no nos hace vulnerables, por el contrario nos fortalece.

15. Perdonar hace bien al cerebro: disculpar más para tener menos rencores

Un factor importante que impacta en nuestra autoestima es sentirnos parte de alguien, pertenecer a un grupo. Sentirse apoyado, a todo cerebro lo hace más sociable. Por lo que perdonar una falta favorece los procesos de empatía. Hacer una llamada, decir una palabra, abrazar en el momento justo, ayudan a restablecer relaciones que favorece disminuir la tensión, la ansiedad y ayudan a tolerar más el dolor. Perdonar nos hace liberar endorfinas y factor de crecimiento neuronal, semejante a la efusividad de la felicidad.

EL TECLADO DE LAPTOPS/TABLETAS
DISMINUYE LA MEMORIA

Estudios en el campo de las Neurociencias indican que escribir a computadora en una clase es un distractor inmediato. Más aún si el equipo tiene internet. Sin embargo, otros estudios sugieren que universidades piden a los alumnos el uso de sus equipos en clases para facilitar el proceso de enseñanza, obligándolos a ser dinámicos en el aprendizaje. La controversia del uso o no de una computadora dentro de un salón de clases es precisa: esto influye en el justo momento de tomar una nota, la retención de la información y su entrada al cerebro (hipocampo, ganglios basales y corteza prefrontal) está en función de utilizar la mano en un teclado o empuñando la pluma; tener control de la mano hace que el cerebro tenga mayor control de lo que se escribe. La computadora, al escribir más rápido frases y palabras, transcribe el contenido, pero reduce el análisis.

Un estudio publicado en la revista *Psyclogical Science* (2014; 25(6) 1159-1168), realizado por la Dra. Pam Muller y Daniel Oppenhaimer de las Universidades de Princeton y de Los Ángeles EUA, indica que tomar notas con un teclado en clases disminuye la memoria del contenido de lo que se está apuntando. Puede ser benéfico para anotar un mayor número de palabras (hasta un 70%), pero el análisis de la información decae en forma inmediata después de anotar a través de una computadora.

Anotar las mismas indicaciones con la pluma (de puño y letra) es más fuerte para la memoria que escribir a través de un teclado. El cerebro pone más atención, se analiza más lo que se escribe y se utiliza con mayor eficiencia cuando se pregunta de qué se trató la clase o el contenido escrito.

Los experimentos

A partir de tres experimentos con estudiantes universitarios diferentes, Mueller probó el efecto de las técnicas de toma de notas. Primero, dos grupos de estudiantes que tomaron notas en una clase, la mitad del grupo con una computadora portátil y la otra mitad con un pluma/cuaderno. Con cada grupo se puso a prueba la memoria y el análisis del contenido, si bien ambos grupos entendieron las peguntas que implicaban recordar hechos, el grupo que escribió a mano contestó significativamente mejor en cuestiones conceptuales.

Si se le pide a alguien no tomar notas literales, esta persona terminará haciéndolo, es una conducta muy arraigada en el sistema de enseñanza. Escribir a mano es un reforzador positivo.

El que escribe a computadora transcribe lo que oye, sin análisis del contenido. Escribir con la mano significa ser menos rápido, los que implica ser más selectivo, seleccionamos mejor la información y ponderamos los más importante al hacer apuntes. Esto permite estudiar el contenido de lo que se aprende de una manera más eficiente.

En un tercer experimento, se dio tiempo a cada grupo para estudiar sus notas y ponerlas a prueba una semana después. Los que escribieron a mano tuvieron puntuaciones aún más altas en el contenido, frases y análisis de las ideas principales.

Los alumnos que tomaron apuntes con la computadora nunca se recuperan de lo que no aprendieron en el momento. A pesar de que una computadora toma más notas y tiene más contenido escrito, la información no se procesa de la misma manera si al principio se captura con otro nivel de atención.

¿Cuándo puede ser benéfica la computadora para tomar notas?

Hay momentos en que tomar notas a mano representa más beneficio –en una clase con conceptos nuevos, no vistos previamente. Sin embargo, existen circunstancias en que una computadora portátil es la elección correcta para tomar notas, por ejemplo en un juicio legal o cuando ya se tiene estudiado el contenido previamente. Con respecto a esto último, si estamos estudiando un punto específico, en el desarrollo de una tesis o de un tema que ya manejamos y en el que queremos profundizar o si vamos a una conferencia, tomar notas en una computadora permitirá un mayor procesamiento, reiterando, siempre y cuando ya se tenga conocimiento previo y estudiado el tema con anticipación.

Tomar notas con la computadora es también un buen recurso cuando necesitamos realizar una lista de tareas pendientes, en una entrevista en la que es necesario citar la fuente literalmente.

EL EFECTO NETFLIX: LA ADICCIÓN
A LAS SERIES

De los usuarios de plataforma de videos 61% ven de dos a tres capítulos seguidos de una serie una vez cada 2 semanas (*binge watching*).

En tanto un 25% ve una temporada de 13 capítulos en 2 días.

¿Qué sucede en el cerebro en el proceso de ver series que se pueden convertir en una adicción?

La corteza frontal, el giro del cíngulo asociado a los ganglios basales y el área tegmental ventral son los sistemas de poner atención, generar expectativa, identificación y proyección con los personajes principales, sufrir por un personaje que aun sabiendo que no es real, se construye una necesidad de encontrar o descubrir el argumento acorde a salvarlo, evitar daño y disminuir las culpas.

Los niveles de dopamina se elevan incrementando la atención. La emoción positiva incrementa ésta además de la memoria. Eventualmente los altos niveles de serotonina son los generadores del proceso de obsesión.

Cuando sufrimos, ver secuencias tristes incrementa el metabolismo cerebral, que se autolimita en periodos cortos, relajando la tensión (se induce una liberación de cortisol y oxitocina). La mezcla de emociones en tiempo cortos es lo que genera la sensación de repetir sintiendo control y relacionando felicidad-tristeza e indignación. Las neuronas en espejo permiten una interpretación del personaje, solidarizarnos con la tristeza o con actividades físicas de tensión.

La sensación de indignación genera una secuencia de activación de áreas relacionadas con los valores morales. Romper las reglas; lo lógico llama la atención al cerebro. En 300 milisegundos el proceso genera indignación. Esto hace sentir una necesidad de castigo o venganza, si ésta no llega, el cerebro busca disminuir la tensión. La emoción de resolver, escapar, castigar al enemigo, disminuye la activación del giro del cíngulo.

Un final feliz (lógica, castigo) exacerba las emociones. La liberación de dopamina y leu-encefalina genera el proceso de placer, que activa el sistema de las redes neuronales de adicción.

Las características semejantes con nosotros o con algún personaje, pueden generar patrones de empatía. Lo cual hace en el cerebro la similitud de extrañar a tal personaje.

Para disminuir el *binge watching* se recomienda: evitar el proceso de captura activación tálamo-cortical que es de 20 minutos. Con el cual se reduce entrar en una nueva secuencia de la serie. Seguir viendo la serie genera nuevamente una obsesión por ver el final y una nueva generación de expectativa. Verla induce la compulsión de entender el final y sentirse liberado de la tensión de conocerlo, lo cual suele tener una amplificación de emociones.

EL CEREBRO BAILA: LA IMPORTANCIA
DEL BAILE EN NUESTRA VIDA

Moverse al ritmo de la música es una capacidad que tiene el cerebro humano. Incrementa la evolución en las relaciones sociales. Somos una especie con capacidad para bailar desde el nacimiento. La mayoría de nosotros lo aprovechamos poco como recurso vigorizante. Es el último punto en nuestra agenda para divertirnos o para mantener la salud física y mental.

El baile incrementa la socialización infantil y puede ayudar a pacientes que sufren enfermedades degenerativas como Parkinson y demencia senil. El baile puede disminuir la probabilidad de padecer estas enfermedades y mejorar la calidad de vida de los pacientes cuando se practica regularmente. Por ejemplo, pacientes con enfermedad de Alzhaimer paradójicamente pueden olvidar su enfermedad y recordar eventos importantes de su vida al bailar.

El baile permite un vínculo entre lo emocional y lo corporal, con el desarrollo de la competencia lingüística. Promueve el canto y la sensación de pertenencia.

El ser humano nace con un sentido rítmico musical. Un estudio demostró que el EEG de los recién nacidos, mientras dormían y escuchaban el ritmo de una batería de rock, cambia cuando aparece un ritmo inesperado. Es decir somos capaces de poner atención al ritmo desde las primeras etapas en la vida. El cerebro puede identificar estímulos importantes sobre ritmos musicales a edades muy tempranas. En la medida del crecimiento de los seres humanos los ritmos provocan fuertes impulsos a movernos.

Aunque hay algunos mamíferos que sincronizan ritmos con movimientos, el humano es el único con la habilidad de proyectarlos y sentir felicidad al realizarlos. Esta sincronización es un requisito para producir, reproducir y aprender de sonidos.

Movernos con la música tiene en el cerebro conexiones antiguas de nuestra propia especie. Estudios realizados en tomógrafo indican claramente que los movimientos generados por una música dependen de los aspectos psicológicos previos, factores sociales, edad y memoria. Todos los seres humanos al escuchar una música que nos gusta o no, activamos el tálamo, de ahí la información viaja al lóbulo temporal y el ritmo regresa de inmediato a la zona de planificación motora (lóbulo frontal). Sin embargo, hay más redes que se activan: el cerebelo capta señales de la médula espinal y coordina los movimientos musculares. Si un individuo escucha pero no baila, el cerebelo disminuye su actividad. Es decir se soslaya a la razón.

El baile incrementa la imitación, gesticulación y maduración de movimientos corporales lo cual no solamente ayuda a los adultos sino también a los niños. Música y baile contribuyen al desarrollo social; aquel que baila tiene una predisposición para volver a hacerlo ayudando mutuamente a otro, cooperando en un evento social que significa que la gran mayoría refiere sentirse feliz. Comúnmente las mujeres refieren una conducta pro social más marcada que los varones durante el baile. Sincronizar movimientos con la pareja de baile aumenta la empatía y predisposición a colaborar en los movimientos. Aquellos individuos que bailan con regularidad poseen una mayor habilidad para controlar sus sentimientos. Incremente la autoestima y protege la salud mental a largo plazo (puede disminuir la depresión).

El baile acompaña al ser humano en todas las culturas, cada nota puede encender un ritmo interior y pueden copiarse las de otros; el baile se puede hacer solo, en pareja o grupos. Todos podemos adaptarnos a diferentes ritmos. La mayor parte de las danzas humanas consta de pasos básicos cuya combinación puede crear patrones y variantes. Danzas populares rituales ejecutan casi siempre el mismo baile.

El cerebro activa diversas regiones al bailar: audición, interpretación de tiempo, lenguaje, ritmo, área parietal-cortical, médula espinal y cerebelo son responsables de los movimientos. Incrementar también la capacidad de interpretación, atención y memoria.

El cerebro en resumen baila de esta manera: escuchamos y la información va al tallo cerebral y hace cambios en el tálamo para después ir al cerebelo y de ahí progresar a los ganglios basales para control muscular en médula espinal y reverbera ante la información en el cerebro, somos capaces de seguir haciendo movimientos iguales a diferentes velocidades o estética para finalmente ir al precúneo del lóbulo parietal en donde se encuentra un mapa corporal, información sensorial muscular. Los ganglios basales capturan el proceso auditivo y motor haciendo la conexión estrecha (en especial un área llamada putamen). Sólo algunas aves (cacatúas, pericos) y los delfines tienen esta conexión anatómica semejante a los humanos.

Datos interesantes:

1. Los gatos y perros carecen de sentido musical.

2. Papagayos, elefantes y leones marinos pueden mover su cuerpo al ritmo de la música.

3. La habilidad de bailar se haya vinculada con las habilidades de imitar sonidos.

4. Los primeros movimientos de aceptación de una música es con la cabeza, y después los pies.

5. No todos respondemos de la misma forma a la música.

6. Las zonas del cerebro que procesan la construcción de frases se activan al escuchar música.

7. La música divierte, libera dopamina lo cual puede buscar la recompensa inmediata posterior como es el comer o el acto sexual.

8. Sentirnos observados al bailar incrementa la estética de nuestros movimientos.

9. Bailar incrementa los niveles de testosterona en ambos sexos.

10. Bailar libera endorfinas y oxitocina, que junto con la dopamina pueden generar adicción al baile.

CAPÍTULO 10

Adicciones y cerebro

UN PEQUEÑO ANÁLISIS DE LAS NEUROCIENCIAS A LOS 7 PECADOS CAPITALES

Capitales de cápita: cabeza, lo cual indica que esto viene de un proceso originado en nuestro pensamiento. Inicialmente vistos con un enfoque religioso, que evolucionó a ser el origen de muchos excesos en la vida humana, los pecados capitales son actualmente analizados por las neurociencias como un cambio y adaptación del cerebro para realizar estrategias y obtener beneficios. Estos pecados son:

Gula: Refiere un exceso en el apetito, en su proceder y en la persistencia de continuar comiendo y mantener la conducta, aun habiendo saciado la ingesta calórica. En la gula no existe el límite en el comer o beber. Si bien, comer es un acto directo en la liberación de dopamina y orexinas, nuestro cerebro ha encontrado en el comer una fuente de placer, por ello, perder su límite induce la aparición de trastornos. Los humanos somos adictos a comer cierto tipo de alimentos, en especial los carbohidratos, su ingesta cambia hábitos y límites. ¿Cuáles son?: 1) el helado 2) el chocolate y 3) las papas fritas.

Pereza: Tedio y flojera en las actividades cotidianas. La pereza es un factor negativo y marcador de varios trastornos de la personalidad (depresión o el estado bipolar). En el cerebro la pereza se asocia a cambios en la mielinización neuronal, como también a disminución en la liberación de serotonina y reducción de dopamina y adrenalina. Es también posible asociarla a una inadecuada actividad que suele copiarse en el seno familiar que repercute en la vida económica y social. La pereza es la consecuencia de otorgar una menor prioridad a las cosas, asumiendo el poco beneficio que se obtiene en los resultados.

Ira: El enojo generalizado que permite tomar decisiones inmediatas de consecuencias no siempre gratas. Cólera, crueldad, furia que se inicia en una región del cerebro: en la amígdala cerebral, parte fundamental del sistema límbico. La expresión conductual se relaciona con expresiones faciales y lenguaje corporal. Es una respuesta ante la amenaza, pero también un proceso aprendido. En especial, la ira genera un incremento en el metabolismo cerebral, con una liberación de dopamina rápida, que inhibe a la corteza prefrontal y activa a estructuras subcorticales que preparan para la lucha y la huida. En adultos, la ira enmarca también la manifestación de una inadecuada salud mental. Enojarnos no es malo, el exceso del evento sí lo es.

Envidia: El dolor, la molestia y la obsesión asociada a la necesidad de tener lo que otros poseen. Puede tener un proceso de tristeza por sentir que la autoestima se basa en no tener lo que otro tiene (material, características o atributos). Se envidia lo que se admira. Esto puede llevar a la conducta obsesiva y negligente de no disfrutar los éxitos o minimizar los logros. El hipocampo, los ganglios basales y la amígdala cerebral se activan de tal manera que el proceso se hace reverberante, manipulador y doloroso. En la envidia pueden incrementarse en el cerebro transitoriamente los 3 neurotransmisores importantes: serotonina, dopamina y noradrenalina.

Soberbia: El orgullo, la altanería y arrogancia de dirigirse hacia los demás evaluando con mayor énfasis las propiedades y características personales. Un deseo de ser elegido o mencionado sobre otros. A nivel psicológico puede ser un mal aprendizaje conductual de la infancia, en el que los frenos no fueron adecuadamente aprendidos o en su defecto, una inmadurez de la corteza prefrontal o alteraciones en la neurotransmisión dopaminérgica que conduce a una inmadurez neuronal y psicológica de la persona. Se asocia a este proceso una disminución en la actividad de la corteza cerebral cíngular, es decir, una mala interpretación de las emociones.

Avaricia: Poseer lo material para atesorarlo, el afán por mantenerlo e incrementarlo se convierte en la conducta obsesiva que la persona tiene cotidianamente. Si bien, para algunas culturas, es un atributo de la personalidad, se asocia a adjetivos negativos como estafa, violencia o engaño. En las personas avariciosas, el sistema de recompensa cerebral es funcional al grado de posesión material; se libera más dopamina en la medida de incrementar la riqueza. No lograrlo o perderlo es una señal de fracaso. Se asocia a un proceso de adicción que no puede controlarse en los primeros momentos de una pérdida material, como quitarle la droga a un adicto. De los 7 pecados, es el que más sufre y asocia la victimización.

Lujuria: Amor, violencia, odio y lujuria comparten el mismo sistema de activación neuronal en el cerebro. Este pecado es la necesidad de liberar dopamina y endorfinas en el cerebro, el centro de la lujuria: el hipotálamo y amígdala cerebral, estructuras que responden al deseo sexual, que al no cumplirse pueden inducir actos violentos o conductas agresivas. O que después de la violencia se asocia a deseo de realizar un acto que lleve al orgasmo. Ninguna otra sensación hace que se activen 29 áreas cerebrales que condicionan también procesos adictivos. La lujuria es un deseo incontrolable que obsesiona y limita socialmente, impactando de forma negativa en lo social y lo económico. Es común que en la lujuria, las demás sensaciones se vuelvan poco efusivas, siendo el proceso del deseo sexual el principal tema de interés. La idea de sexo se vuelve una motivación con una necesidad compulsiva de realizarlo. La dopamina en el sistema de recompensa cerebral hace que el individuo sea prácticamente un generador de conductas sexuales repetitivas asociadas a la necesidad de aceptación de esta conducta por otros.

En todos estos pecados, las palabras claves son: el exceso y la activación de áreas cerebrales relacionadas al placer. Un neurotransmisor común en ellas es la dopamina. Otorgar una adecuada explicación del origen de estas conductas es el inicio de controlarlas o al menos ser consciente de la necesidad de un apoyo profesional en algunos casos.

¿QUÉ LE QUITA AÑOS A NUESTRA VIDA?

La vida sucede a veces sin darnos cuenta de que podemos estar haciendo cosas con repercusiones negativas para nuestra salud a corto-largo plazo. Las células de nuestro cuerpo envejecen día a día, se adaptan y procesan un desgaste. Podemos hacer cosas para darle años a la vida. Saber qué hacer para ayudar a nuestro cuerpo a no recibir tantos embates cotidianos puede ser conveniente si los convertimos en hábitos.

Metabolismo lento: Nuestro metabolismo, el balance de nuestra energía que viene en lo que comemos, relacionado a lo que almacenamos y cómo lo gastamos, en promedio va disminuyendo su velocidad después de cumplir 30 años. Las funciones celulares se hacen lentas después de dejar la decenia de los veinte años y difícilmente la velocidad de funciones celulares va a volverse a activar. Ésta es la explicación por la cual los jóvenes pueden bajar rápido de peso y tienen una gran resistencia al desgaste físico, en contraste el cuerpo de los adultos maduros gradualmente tiende a guardar más grasa en el abdomen y subir de peso con facilidad. Difícilmente podemos contrarrestar este proceso biológico que tiene bases genéticas.

La dieta inadecuada: La importancia de cuidar lo que comemos en calidad y en cantidad se hace evidente después de los 35 años. Por ejemplo, comer carbohidratos con metabolismo lento es una invitación a subir de peso muy rápido. Una pizza después de las 5 pm debe hacernos titubear. Comer papas fritas en una sesión sedentaria y tomando refresco es una combinación terrible. El sobrepeso es uno de los principales factores asociados a enfermedades. La dieta inadecuada es lo primero que establecen los médicos al cuestionar las enfermedades que nos llevan a pedir su punto de vista. En contraste, se conoce que la limitación calórica ayuda, además de mantener peso, a conservar mejor el pelo, hidratar adecuadamente la piel y a sentirse más dinámico durante el día. El lado contrario, una desnutrición también quita años a la vida, estar por debajo de nuestro peso se asocia a procesos de anemia y carencia de vitaminas que perturban la oxigenación neuronal y limitan la toma de decisiones. El balance en nuestro peso, y mantenerlo, habla de una adecuada salud.

El estrés sostenido: El estrés sostenido incrementa los niveles de cortisol, una hormona que fisiológicamente nos ayuda a despertarnos y mantener un nivel de atención adecuado. Pero cuando un problema nos atrapa, las soluciones no son las apropiadas o las consecuencias de muchas decisiones nos abruman, se establece un estado de hipervigilancia, que nos pone en tensión y ansiedad. No podemos conciliar el sueño o nos despertamos fácilmente. Este cambio hormonal puede inferir un daño en otros, los niveles de glucosa se incrementan, ya que el cerebro distingue la necesidad de pensar mejor y poner más atención, aun sin saber si el problema lo amerita. Las personalidades estresantes asocian más problemas de salud, por ejemplo, esto puede detonar en un estado metabólico que conlleva a generar cambios cardiovasculares e inmunológicos, nos hacemos más vulnerables a padecer infartos o problemas de inmunosupresión que pueden convertirse en enfermedades oportunistas o agravar alguna enfermedad crónica, como la diabetes o la hipertensión. Si bien el estrés no es malo ya que nos hace competitivos, dejarlo activo en nuestra vida más de 72h sí tiene repercusiones negativas. Es necesario encontrar respuestas, saber pedir ayuda y en su caso adaptarse a los procesos, a veces no es fácil, pero es necesario intentar vivir con un estrés controlado.

Enfermedades crónicas: La diabetes e hipertensión son asesinos silenciosos. Los síntomas en sus inicios son casi imperceptibles. Estas enfermedades tienen antecedentes genéticos, pero los estilos de vida (actividad, dieta y hábitos) ayudan o perjudican su control. No tomar los medicamentos indicados, no tener supervisión médica, no cuidar la ingesta de sal o glucosa, repercuten negativamente con el tiempo. Un adecuado manejo farmacológico y ser responsable del tratamiento conllevan evitar complicaciones de ambas enfermedades, el riñón, los ojos y el cerebro agradecen un adecuado control de los niveles de glucosa y presión arterial.

Tabaquismo y alcoholismo: Fumar y beber matan neuronas, disminuyen la capacidad respiratoria, reducen la función cardiovascular y predisponen a cambios en órganos como hígado y corazón. Su efecto es gradual, adictivo y sostenido. Tres cigarros diarios en 2 años pueden disminuir hasta 7 años de vida. Asociarlos es una de los procesos más adictivos. Debido a que la ingesta de estos dos elementos se inicia comúnmente en la adolescencia, la epidemiología nos indica que cada año más mexicanos mueren de cáncer pulmonar, cirrosis hepática o bien de accidentes automovilísticos, el tabaquismo y alcoholismo se asocian a estas cifras. A largo plazo, la adicción a estas drogas disminuye la hidratación de la piel, pelo y mucosas. Las repercusiones económicas son importantes, no sólo para comprar una cajetilla o una botella de alcohol, sino para invertir en el tratamiento de los padecimientos que induce el fumar o el beber. Por cada peso que se paga en alcohol o cigarrillos, se pagan 100 pesos en el tratamiento de Cáncer o atención de cirrosis hepática. A veces no se piensa en eso. La paradoja de esto es que la vida otorga datos para disfrutarla aunque esto pueda puede quitar la calidad de cómo vivirla. En el fondo esto no es una estigmatización sino un incentivo para entender la importancia del balance y el adecuado control. Los excesos, en cualquiera de sus presentaciones, tienen implicaciones negativas.

Sedentarismo: Activar el cuerpo y el cerebro otorga años a la vida. La vida sedentaria nos cobra facturas fisiológicas terribles: un corazón poco adaptable, intestinos con poco movimiento, articulaciones que pierden movilidad. Hacer una actividad como correr, aerobics, natación, yoga, meditación o terapia de apoyo para dejar alguna adicción farmacológica pueden incluso revertir efectos del estrés. Leer, bailar, realizar juegos mentales, malabares, estar activos y creativos disminuye las posibilidades de padecer enfermedades como la demencia senil o Alzheimer. Incluso a quien ya tiene la enfermedad se le recomienda escuchar música y bailar, lo que contribuye a que el cerebro trate de mantener redes neuronales que sirvan para que el paciente pueda ayudar a recordar. El ejercicio otorga más oxígeno y glucosa al cerebro, además de liberar dopamina y endorfinas que hacen disfrutar mejor la vida; activarse predispone un mejor estado de salud.

La soledad: Vivir solos repercute negativamente en nuestra vida. Diversos estudios científicos en su población analizada, como en sus variables que midieron, realizados en diversas partes del mundo, concluyen que vivir sin una pareja, aislados, sin estímulos cotidianos o motivaciones sociales, sin contacto físico, nos quita años a la vida. El amor, la vida en pareja, la amistad o los procesos sociales tienen un punto importante de reflexión, nos hacen vivir más, nos hacen sentirnos importantes para nuestra vida y la de otros: el ser humano es un ser social, podemos vivir nuestra soledad, pero hoy reconocemos que al hacerlo la actividad biológica decae. Estar casado, vivir en pareja, este constructo social, influye en el proceso biológico de vivir.

El género: En este año, cada niño varón que nace en México tiene una esperanza de vida promedio de 75 años. Una niña tiene una probabilidad de vivir de 80 años. Sin ser deterministas y evaluando que existen muchas variables para que suceda que una persona viva más tiempo, esto indica que muchos procesos como hormonas, adaptación, plasticidad neuronal, umbral al dolor, ayudan a entender por qué una mujer puede vivir más tiempo que los varones. Cinco años tal vez no sea muchos para algunas personas, pero para otras puede ser una gran diferencia.

Vivir es una experiencia, una oportunidad. La decisión de vivir nuestra salud debería ser tomada con más perspectivas y mejores explicaciones. Esperemos que la ciencia no sólo nos ayude a vivir más, sino con mejores esperanzas.

LA CRUDA O RESACA ALCOHÓLICA...
TODO PASA EN EL CEREBRO

A pesar de numerosos artículos científicos que han reportado los efectos agudos del consumo de alcohol, poco se ha estudiado el tema de la resaca por alcohol ("la cruda o abstinencia aguda alcohólica"). Esta falta de interés científico es notable ante los efectos desagradables que pueda surgir al día siguiente de una noche de beber en exceso. Los síntomas de la resaca afectan el desempeño de las actividades planificadas y pueden poner en riesgo la salud de la persona en ese estado. Los síntomas comunes de este proceso son dolor de cabeza, debilidad, fatiga extrema, incapacidad para concentrarse, disminución del apetito, reducción de la actividad, somnolencia, pérdida de interés en actividades usuales y náusea. Epidemiológicamente se sabe que el 35% de todos los hombres y el 20% del total de las mujeres han tenido en alguna ocasión un cuadro de resaca en su vida, el 42% de estos eventos suceden antes de los 24 años.

Los cambios fisiológicos significativos que explican la resaca son:

1. Incrementan en forma transitoria los niveles del neurotransmisor dopamina (lo cual explica la conducta efusiva y de adicción) para gradualmente inhibir al cerebro por el incremento de la neurotransmisión inhibidora (GABA), lo cual dificulta los movimientos oculares, de los grandes músculos y de la lengua.

Todo esto explica la dificultad para fijar objetos, el caminar mal y hablar con dificultad. Estos efectos se asientan en la corteza cerebral prefrontal, motora y parietal, regiones como la corteza del Cíngulo y en estructuras límbicas. Es decir, en la resaca disminuyen los procesos lógicos, congruentes y se manifiestan eventos de enojo, tristeza o conductas irracionales que demandan una decisión rápida, la cual carece de lógica o congruencia.

2. Modificaciones en algunos parámetros endocrinos (es decir cambios de hormonas, como el aumento en la concentración de vasopresina, aldosterona y renina). Estos efectos están relacionados con la deshidratación y causan síntomas como boca seca y sed.

3. La generación de una acidosis metabólica (pH sanguíneo reducido debido al aumento de los valores de las concentraciones de lactato, cuerpos cetónicos y ácidos grasos libres).

4. Cambios agudos en la función del sistema inmunológico (aumento de las concentraciones de citoquinas proinflamatorias IL-1, IL-6, IL12 y factor de necrosis tumoral TNF y del interferón-gamma a-IFN). Los cambios en los parámetros del sistema inmune causan impacto en las áreas cognitivas del cerebro, efectos de la resaca que conllevan al deterioro de la memoria y cambios de humor. Receptores de citoquinas han sido localizados en las células glíales y en las neuronas en la corteza cerebral, pero son especialmente densos en el hipocampo, una estructura cerebral que es de vital importancia en el funcionamiento de la memoria.

Recientemente se conoció que es un metabolito del alcohol, el acetaldehído, el que genera estos cambios en mayor proporción que el mismo alcohol. El acetaldehído se produce en el hígado como mecanismo de depuración del alcohol en la sangre.

¿Qué factores influyen en la resaca?

A)   Los hombres y las mujeres difieren en el metabolismo del alcohol, y por lo tanto, pueden diferir de la presencia y severidad de los síntomas de la resaca. Las mujeres en etapa estrógenica (antes de la ovulación) son más susceptibles de adquirir una adicción. Sin embargo, son más resistentes en esta etapa a los efectos del alcohol, lo metabolizan más rápido, incluso resisten más la embriaguez y la aparición de la resaca. Esto obedece a que el alcohol puede modificar sus efectos, atenuarlos o incrementarlos a causa de las hormonas sexuales femeninas (estrógenos, progesterona). Debido a que el alcohol puede metabolizarse en el tejido graso, el mayor contenido de grasa, reduce la resaca. Los obesos son menos propensos a los efectos de la cruda.

B)   El hábito de beber alcohol con frecuencia, como es el caso de alcohólicos crónicos, reduce el efecto de la resaca. Esto es debido a que el hígado produce gradualmente más enzimas que degradan al alcohol en el cuerpo.

C) Las características de las bebidas alcohólicas son también determinantes en la sintomatología de las resaca (su grado de alcohol, carga calórica y características del líquido que las acompaña). En términos generales se necesita de una dosis aguda de alcohol de 1g/Kg de peso para generar la resaca, es decir, un individuo de 70 Kg, si bebe en forma aguda 70 g de alcohol tendrá asegurada una cruda (7 cervezas).

Se puede concluir que las bebidas alcohólicas que contienen más calorías y tiempo de elaboración producen las resacas de alcohol más grave. De esta manera, es posible medir la severidad de la resaca a través de la bebida que la ocasiona, de mayor a menor severidad:

- Brandy
- Vino rojo
- Ron
- Whisky
- Tequila
- Vino blanco
- Ginebra
- Vodka
- Cerveza

Una relación interesante para tener en cuenta es la siguiente: un estudio en Holanda determinó que 14 cervezas pueden generar una resaca semejante a la que causa 6 vasos de vino.

D) Duración y calidad del sueño en el estado de resaca. Durante la cruda disminuye la duración del sueño. Sin embargo, se acompaña de somnolencia diurna. Esto se invierte gradualmente conforme el individuo ingiere más alcohol a lo largo de su vida. Reducir el sueño reduce la regulación de una hormona que quita el hambre, la grelina. Es decir, en la resaca, es posible que se genera un incremento en el hambre por cosas saladas o picantes, aunque pueda haber náusea.

E) Otros factores como el impacto de los alimentos y el tabaco sobre la gravedad de la resaca también influyen en la sintomatología. El fumar y beber pueden incrementar la sintomatología, acompañar con alimentos la ingesta de bebidas alcohólicas reduce los síntomas de la cruda.

F) La sintomatología de la cruda es mayor o tiene un impacto negativo más grave conforme el cerebro humano es más viejo. Los jóvenes (20-30 años) resuelven en forma más rápida y eficiente la resaca en relación a individuos mayores de 40 años. Esto se debe a la velocidad de su metabolismo, actividad enzimática, estado nutricional y su aún marcada inmadurez cerebral. Es decir, y aunque parezca contradictorio, una resaca es terrible en el adulto mayor debido a su madurez cerebral.

NEUROBIOLOGÍA DEL TABAQUISMO

Las persona que expresan adicción al tabaco saben que les es perjudicial, pero no pueden abandonar el hábito rápidamente, recaen con facilidad, suben de peso, tienen problemas al dormir... ¿Por qué? el problema de la adicción al cigarro se inicia en el cerebro. La adicción al tabaco es farmacológica más que psicológica. Reduce neuronas en la corteza cerebral e hipocampo.

1. Inicio de la adicción: La nicotina contenida en el humo del cigarro entra por los pulmones, se disemina por la sangre, en segundos llega al cerebro. Específicamente en el área tegmental ventral (VTA). Ahí se une a receptores de acetilcolina, en segundos se liberan grandes cantidades de dopamina, lo que da la sensación de plenitud, tranquilidad y felicidad. La amígdala cerebral y el hipocampo se activan generando cambios de conductas y reforzando atención para la memoria y asociando situaciones de relajamiento. Conclusión, la persona experimenta placer y emoción, excitación, cuando fuma.

2. Habituación: Después de un consumo frecuente, el cerebro activa una red neuronal de adicción. Estímulos como ver fumar a alguien, un paquete de cigarros, largos periodos sin fumar o tomar café después de una comida, activan con facilidad el proceso. La corteza prefrontal disminuye el freno, ya no controla, se termina la negación. El deseo gana. Fumar más genera la aparición de receptores de nicotina en el VTA, generando liberación de dopamina, que a su vez reduce el freno prefrontal. Conclusión, es más fácil fumar un segundo cigarro que guardar la caja.

3. Necesidad: Obligar al cerebro a dejar de fumar tiene consecuencias negativas. Se incrementa cortisol, noradrenalina y dopamina, se genera un incremento en la activación de la amígdala generando angustia e intranquilidad. La sensación sólo se calma si se fuma nuevamente. Conclusión: para funcionar cotidianamente, es necesario fumar. No hacerlo, tiene implicaciones, hay nerviosismo, es constante la tensión y la ansiedad reduce la atención.

4. Recaída: Después de tratar de dejar de fumar, el 80% de las personas vuelve a fumar en menos de 2 años. El consumo es igual o mayor que en las primeras etapas. La necesidad de fumar es más intensa, incluso la asociación de reforzadores son los disparadores más comunes: tomar el café, la reunión de amigos, el estrés social. Así, es más fácil recaer que recuperarse de una adicción.

5. Abstinencia: Hasta un año de no fumar tarda el cerebro para regresar a condiciones ideales. Sin embargo, los estímulos débiles de fumar pueden generar cambios en el cerebro. La utilidad de fármacos como parches, terapia, además de la motivación pueden ayudar. Conclusión: es posible dejar el cigarro, sólo se necesita de tiempo, motivación y ayuda social.

15 DATOS IMPORTANTES QUE DEBEN CONSIDERAR LOS FUMADORES:

1. El tabaquismo que se inicia antes de los 16 años es el más difícil de dejar. Cambia redes neuronales que son irreversibles de modificar.

2. Fumar predispone a lesiones vasculares cerebrales o empeora el pronóstico de recuperación.

3. El tabaquismo puede empeorar enfermedades neurodegenerativas: Alzheimer y Parkinson.

4. Los fumadores pasivos también incrementan el riesgo de enfermedades vasculares cerebrales.

5. Los alcaloides y sustancias activas del tabaco reducen la elasticidad pulmonar, limitando el aporte de oxígeno a los tejidos, aun cuando ya no se fuma.

6. La carboxi-hemoglobina es un producto del tabaquismo intenso, puede durar hasta 4 meses en el cuerpo. Por eso, el fumador crónico tiene sensación de cansancio extremo y reducción del razonamiento deductivo.

7. El tabaquismo intenso es una de las principales causas de cáncer de pulmón.

8. Niños expuestos a humo de tabaco desarrollan más enfermedades conductuales como el TDAH.

9. Personas expuestas al humo del tabaco padecen problemas de concentración, angustia y mayor posibilidad de tener depresión.

10. Fumar en el embarazo puede generar psicosis en el hijo, cuando éste sea mayor.

11. Fumar incrementa la posibilidad de desarrollar esclerosis múltiple.

12. Algunos genes son los responsables de la recaída cuando se quiere dejar de fumar.

13. Tratar de dejar de fumar en forma abrupta puede inducir a ganar peso, ya que la nicotina es lipolítica (destruye grasa).

14. Fumar incrementa la posibilidad de generar convulsiones en mujeres.

15. Los factores sociales son los reforzadores positivos más importantes para fumar y recaer en el hábito.

EL CEREBRO OBESO

Se me antojó desayunar una torta de tamal con su respectivo atole de chocolate; de comida un helado doble con una hamburguesa y sus papas fritas, no mejor una pizza... ¿O será que cene unos tacos con un pozole? ¿Será que engorde por comer esto?

Los antojos se inician en el cerebro, no en el estómago. Engordamos por lo que el cerebro decide comer en cantidad y frecuencia. Saboreamos la comida con la corteza prefrontal, la anhelamos con el hipotálamo, la deseamos con el hipocampo y somos felices con ella con la amígdala cerebral y el núcleo accumbens. El área tegmental ventral desea los postres y los dulces. En tanto que deglutimos con núcleos cerebrales que se encuentran en el tallo cerebral. Es una realidad que engordar se lo debemos anatómicamente al área tegmental ventral, hipotálamo e hipocampo.

El cerebro es un órgano privilegiado para recibir energía. Comer lo que nos gusta procesa un cambio neuroquímico que difícilmente se borra de nuestra memoria: el sabor, la consistencia, la temperatura de los alimentos están muy dentro de nuestra recuerdos, una comida deliciosa comúnmente atrae evocaciones infantiles. Éste es el principio fisiológico para subir de peso.

Pero también subir de peso tiene un proceso neuroquímico. Las orexinas son hormonas liberadas por el hipotálamo responsables del hambre, investigaciones recientes indican que si dormimos mal (menos de 5 h/día) estas hormonas se incrementan y subimos mucho de peso, ya que nos da mucho apetito; la dopamina se libera cuando comemos los que deseamos y si se anhela por mucho tiempo, aún más felicidad sentimos al comer. Nuestras neuronas también liberan endorfinas cuando comemos, éstas nos hacen cambiar el estado de ánimo, nos tranquilizamos, sonreímos más. Antes de comer, ya el cerebro a través del hipotálamo y sus hormonas se va preparando para disfrutar la comida a partir de ir modulando la actividad de varias glándulas y órganos: el páncreas libera hormonas que incrementan el hambre (glucagón) o disminuyen los niveles de glucosa sanguínea después de comer. La glándula tiroides activa el metabolismo, nuestro tejido graso demanda consumir calorías, ya que después de comer libera leptina, hormona que pone fin a seguir comiendo, es el factor de la saciedad. Finalmente, el hígado procesa con gran actividad lo que comemos y los distribuye a los tejidos.

Nuestro estómago e intestino envían información al hipotálamo antes, durante y después de comer, también a través de hormonas y señales nerviosas. De esta manera, el cerebro va considerando el volumen de comida, el sabor y gradualmente va llegando a la saciedad. Por más que nos encante una comida, tenemos un límite, éste se genera principalmente en el sistema digestivo y se completa en varias áreas cerebrales entre ellas el sistema límbico y la corteza parietal.

Comer es un festín de activación neuronal, un generador de felicidad en el cerebro por sus conexiones y sus neurotransmisores. Por consecuencia, si el cerebro no detecta las señales de parar, gradualmente pierde los frenos y los límites. No detecta horarios y poco a poco vamos omitiendo la cantidad y la calidad de comida: ¡para querer comer más! Esto lleva a consumir más calorías de las que se necesitan y se van acumulando ácidos grasos que se almacenan en nuestro cuerpo en forma de grasa. Es por eso que engordar es un proceso que inicia en nuestro cerebro: guardar energía en el cuerpo.

El cerebro siempre quiere recompensas inmediatas. La comida puede ser una de ellas en la vida. Comer se asocia a felicidad, a premios, disminuye la ansiedad o tristezas. La obesidad es consecuencia, comúnmente, de inadecuados hábitos para comer y poca actividad para gastar la energía que consumimos. En menores casos se asocia a genes y problemas médicos por consecuencia de medicamentos.

El cerebro obeso inicia con cambios en la detección para detener la ingesta de comida. En el cerebro orondo, el hipotálamo pierde el freno de la saciedad. Estudios recientes en pacientes con sobrepeso muestran que la detección de las áreas de saciedad no responde después de una dieta abundante, sintiendo felicidad por lo que come. Esto puede llegar a ser como una adicción: sólo comer puede disminuir la ansiedad, el enojo o la sensación de vacío. La dopamina en el cerebro obeso es mayor cuando se come carbohidratos y grasas, por ejemplo comidas como el helado, las papas fritas y el chocolate son los mayores inductores de adicción. Es decir, son los mayores liberadores del neurotransmisor de la felicidad en nuestro cerebro. Resulta que al cerebro le gustan los alimentos con mucha energía que nos hacen adictos y que se quedan almacenados en nuestro cuerpo como grasa.

Ganar peso disminuye la actividad cerebral, disminuye la velocidad de trabajo de las neuronas en diversas áreas, por ejemplo aquellas que ponen atención y las que tienen la memoria. El flujo de sangre al cerebro cambia en la obesidad, incrementando la probabilidad de accidentes vasculares. El proceso se va haciendo crónico, la presión arterial aumenta conforme se ganan kilos en el cuerpo. Esto contribuye a largo plazo a que se pierdan neuronas en regiones como la corteza cerebral incrementando el riesgo de padecer enfermedades degenerativas como Alzheimer.

El cerebro va perdiendo capacidades para detectar la saciedad con la edad. A esto se suma que cuando cumplimos años (después de los 30-35 años de edad), el metabolismo se va haciendo lento, como una forma de guardar energía. Los genes nos hacen una mala pasada, ya que nuestra especie hace ya miles de años, cuando solíamos cazar mamuts, después de los 40 años era más vulnerable a las hambrunas, las heladas o las sequias; una adaptación genética fue ganar kilos para los años difíciles.

En la actualidad, este proceso favorece la aparición de la pancita y las lonjas en la cintura. Es común que después de los 40 años, comer lo mismo que ingeríamos a los 20, nos suba mucho más de peso y las dietas ya no nos permitan bajar de peso tan fácil. La vida nos ha demostrado que engordar es un proceso pasivo, originado en el cerebro y que repercute en el organismo.

El proceso de obesidad cambia el metabolismo corporal, suele incrementar elementos como el colesterol y los triglicéridos, los cuales van afectando al hígado, músculo y al páncreas, favoreciendo la aparición de enfermedades como la diabetes y el hígado graso. El cerebro prepara un estado de almacenamiento de energía corporal, del cual es difícil salir de forma inmediata.

La obesidad no viene sola a nuestra vida, además de los cambios cerebrales y físicos puede asociarse su origen a trastornos de la personalidad como la depresión, ansiedad y estados obsesivos compulsivos. Lo cual incrementa aún más el proceso de ganar peso.

Pero ¿qué nos hace afín a la comida chatarra? ¿Por qué nos gustan los alimentos altos en grasa y carbohidratos que nos engordan?

Estos alimentos que nos engordan suelen recordarnos los primeros alimentos de nuestra vida. La leche materna es rica en carbohidratos. Los primeros alimentos en la vida tienen semejantes consistencias. Además que cuando éramos bebés, solíamos tener al alimento como un factor para tranquilizarnos. Así como después de comer, el placer de dormir se asociaba eficazmente. El cerebro no olvida estas etapas, las transforma y se adapta con la vida a nuevas señales. Sin lugar a duda, la obesidad también tiene este factor que poco se ha estudiado hasta ahora.

Qué hacer para evitar un cerebro obeso

1. Evitar la conducta compulsiva de bajar de peso como sea (comúnmente se rompe la dieta más fácil; la ansiedad genera apetito).
2. Evitar estimulantes o depresores del cerebro como el café o el alcohol (no ayudan para calmar el hambre y sí influyen en la ingesta de alimentos)
3. Procurar dormir bien (disminuyen las orexinas, hormonas del hambre).

4. Medir la cintura regularmente (la obesidad inicia en el abdomen y la cintura).

5. Caminar o incrementar la actividad física (incrementa la dopamina y factores de crecimiento neuronal; es necesario buscar otra forma de sentirse feliz).

6. No contar calorías (comúnmente después de esto se hacen atracones de comida o se justifica comer más).

7. Tomar agua adecuadamente (2 a 3 l / día).

8. Seguir una dieta equilibrada y supervisada por un profesional (se recomienda un régimen en el que abunde el omega 3, vitaminas B, C, E y K).

9. Evitar ayunos prolongados (saltarse desayuno o comida) son detonantes de comer más.

10. Un adecuado reforzamiento familiar y social ayuda (el apoyo siempre es bueno para no caer en tentaciones).

EL CEREBRO DESPUÉS DE LAS VACACIONES

Habitualmente, la mayoría de los humanos realizamos actividades rutinarias que le permiten al cerebro atenuar preocupaciones y adaptarse mejor a los imprevistos. Realizar esto al horario luz-oscuridad es un proceso biológico-social con impacto hormonal y cerebral. El hipotálamo es un reloj biológico interno que adapta este proceso de ciclo en la vida. Esta estructura del cerebro detecta la cantidad de luz, indica los tiempos de relajación, hambre, sed, necesidades fisiológicas, interpretación de motivaciones, así como de sensación de plenitud. Es esta región del cerebro la que tarda en adaptarse al regreso de las actividades después de unas vacaciones. De la misma forma que puede ayudar a dar la sensación de poner un parche a las adversidades mediante el engaño de generar motivaciones, cambios hormonales o actividad de regiones cerebrales cuando es necesario.

En las vacaciones desaparece el ritmo/horario laboral o de estudio, los periodos de descanso se prolongan a lo largo del día. El descanso diurno adquiere una mayor importancia favorecida muchas veces por una actividad nocturna intensa. La hora de dormir se desfasa, y lo mismo ocurre con el horario de levantarse. Cambia la liberación de hormonas como el cortisol, leptina, melatonina e insulina: existe un reordenamiento metabólico que lleva a ingerir más calorías. Regresar a los horarios ordinarios de oficina, escuela o trabajo, plantea un cambio brusco e inmediato en la fisiología. El tiempo que necesita nuestro organismo para nuevamente estar en línea con el horario y actividades oscila entre 24 a

48h dependiendo de la carga emocional, energética, desarrollo y edad.

La falta de los factores dopaminérgicos hace que el cerebro demande las fuentes de dopamina que en las vacaciones nos mantenían felices, por ejemplo: el despertar tarde, un gran margen de tiempo para elegir actividades, descansar por más minutos u horas o visitar lugares nuevos, las comidas ricas o diversas, sin horarios; al no existir más estos estímulos, el cerebro interpreta esto como un síndrome de abstinencia corto pero efectivo en sus manifestaciones. Es por ello que la motivación resulta necesaria y no siempre funciona en los primeros momentos de despertarse o ingresar a horas intensas de actividad física. Los síntomas más frecuentes son dolor de cabeza / migraña, fatiga, dolores musculares y náuseas. Además, las infecciones virales (como herpes labial, resfriado común) se informaron con frecuencia en relación a las vacaciones. También ansiedad y depresión.

Qué le sucede al cerebro y al organismo después de las vacaciones

El síndrome postvacacional tiene un cuadro de debilidad y falta de ánimo generalizado. Problemas de somnolencia diurna (sueño diurno y facilidad para dormir sentado/parado) asociado a insomnio de la 3ª hora.

La concentración y la tolerancia al estudio o al trabajo disminuyen considerablemente. Aparece una actitud de hastío, enfado, irritabilidad, desidia e hiperactividad neuronal. Es común la sensación de que el trabajo o el estudio no se pueden realizar. La corteza pre-frontal adapta un proceso de toma de decisiones rápidas para impedir el colapso conductual, la motivación de lo rápido –aunque no sea correcto, aparece–. En general, en las primaras 48 h, aparece un cuadro semejante a la depresión: disminuye la capacidad de alegrase, la sensación de tiempo cambia (el tiempo pasa lentamente), cambia el apetito y se asocia a la añoranza de que el periodo reciente-pasado ha sido extraordinario.

A nivel de organización, resulta complicado organizar una agenda, acuerdos o citas. Se inicia un proceso de posponer reuniones laborales/estudio. Los retrasos son evidentes para llegar a citas, escuela o trabajo. En algunos casos es común trabajo pospuesto que resulta más complicado llevar a cabo después del regreso vacacional. De tal manera que es común la actividad límbica del cerebro: enojo, enfado y molestia a punto de estallar a la menor provocación, el resultado es un mal humor o enojo sin objetivo real, que incluso puede llegar a la violencia verbal o física.

Una liberación de adrenalina es constante, la sensación de terminar todo rápido, de hablar fuerte para llamar la atención o la necesidad de salir para reorientar los pensamientos son comunes. La falta de los factores dopaminérgicos hacen que el cerebro demande las fuentes de dopamina que hace poco nos mantenían felices: el despertar tarde, el tiempo de sobra para elegir actividades, el dormir, descansar o visitar lugares nuevos, las comidas ricas o diversas. Al no existir, semejan un corto pero efectivo síndrome de abstinencia.

Es común la sensación de que falta algo, aunque no se es objetivo, explica en mucho la inquietud e inseguridad para iniciar de nuevo las actividades. Esto se asocia a la falsa percepción de que las cosas no funcionan. El desconcierto, la sensación de sorpresa embargan los primeros 2 días al regreso a la oficina o la escuela. La probabilidad de fracasos financieros, negocios, exámenes o nuevos contratos es más alta que en cualquier época del año.

Existen algunas situaciones o estados que predisponen a padecer este síndrome:

1. Vacaciones largas, agotadoras o durante las que no se descansa adecuadamente.
2. Adaptación insuficiente al ámbito laboral, presente incluso antes de las vacaciones. Falta de motivación laboral.

¿Cómo se relaciona el reloj interno con el proceso que da lugar al desarrollo del síndrome postvacacional?

Las personas habitualmente necesitan una serie de condiciones para desarrollar su actividad y organizar alrededor una forma de vida en la cual se sienten la mayor parte de las veces a gusto. Para ello, se lleva una rutina que suele ser acorde con el biorritmo peculiar. Toda esa actividad está de acuerdo con una especie de reloj interno que marca el estado en que el organismo se encuentra. Además, se necesitan una serie de motivaciones que impulsen a seguir adelante a lo largo de la vida.

Estas motivaciones actúan muchas veces como verdaderos parachoques que permiten superar muchas dificultades. La presencia actual de esas motivaciones otorga una especial resistencia frente a la adversidad. Un fallo en ese biorritmo habitual así como una ausencia de dichas motivaciones en el contexto de una vuelta a la vida ordinaria tras un periodo vacacional puede producir la aparición de este síndrome. Durante las vacaciones es del todo conocido que ese ritmo de vida sufre un cambio significativo.

Desaparece el ritmo de trabajo mientras que los periodos de descanso se prolongan a lo largo del día. El descanso al mediodía adquiere una mayor importancia favorecida muchas veces por una actividad nocturna intensa. La hora de acostarse se retrasa con lo cual lo mismo ocurre con la de levantarse. Esto unido a una ausencia casi completa de rutina con un desorden total de nuestros hábitos incluidos las comidas da lugar a que nuestro biorritmo se vea profundamente afectado, si es que llega a existir. La vuelta a la vida ordinaria puede suponer un cambio brusco para el organismo. Se restituye la rutina a la cual teníamos acostumbrado nuestro cuerpo, sin embargo, en el momento de nuestra incorporación a esa rutina nos falla lo fundamental.

Si no se produce ese acoplamiento rápidamente a este nuevo ritmo de vida se produce una falta de coordinación entre los que la rutina nos exige y lo que podemos ofrecer. Por otro lado, la ausencia de motivaciones o la focalización excesiva de éstas alrededor del periodo estival dan lugar a que una vez acabadas las vacaciones, desaparezca cualquier motivación que nos anime a seguir adelante, sobre todo cuando contemplamos con pavor cómo hasta el siguiente periodo vacacional tiene que transcurrir todo un año. La concurrencia de ambos fenómenos puede dar lugar a la aparición de este síndrome.

El mejor remedio, la prevención

El remedio, como ocurre muchas veces, está en prevenir su aparición. En este sentido se pueden intentar diversas medidas.

El periodo vacacional permite una libertad que no se tiene en otros periodos del año. Ahora bien, mantener un horario nos permitirá que sigamos con un cierto biorritmo. A medida que se acerca el fin de las vacaciones, una vuelta progresiva, aunque no sea completa, a la rutina habitual puede favorecer que ese cambio no resulte dramático ni catastrófico.

Evitar una motivación personal excesivamente centrada en las vacaciones. No se puede estar deseando las vacaciones durante una mitad del año y lamentarse de que se hayan acabado durante la otra mitad. Para ello, es conveniente mantener determinadas aficiones. Puede haber aficiones que se hayan iniciado durante las vacaciones, que sea recomendable mantener a lo largo del año. Evidentemente, no deben ser aficiones muy unidas al periodo del año en el que se encuentre cada persona.

En relación a todo lo anterior, la división del periodo vacacional en varias partes puede ayudar de forma importante a cumplir esos objetivos. Evitará que exista una sensación de saturación respecto a las vacaciones y a la vuelta nos ayudará saber que todavía nos quedan.

Si a la vuelta de las vacaciones se produce un enfrentamiento a un trabajo acumulado durante el periodo estival, se pueden seguir algunas recomendaciones. En primer lugar ordenar la mesa de trabajo evitando los montones caóticos. Se debe hacer un esfuerzo por intentar organizar la agenda, estableciéndose un plan de lucha real que intente afrontar las tareas pendientes con un orden de prioridades.

Si a pesar de todo lo anterior se presenta este problema, el apoyo de un especialista puede ser muy importante. Aportará la ayuda necesaria que en ocasiones podrá ser farmacológica, sobre todo si se presentan problemas de ansiedad o de insomnio. En otros momentos podrá ser recomendable el empleo de antidepresivos.